Perfect Passwords

Selection, Protection, Authentication

菜鸟也能防黑客

完美口令

Mark Burnett
Dave Kleiman　著

陈　萍　季玉萍　周　虚　刘　琳　罗守山　译

科学出版社

北　京

图字：01-2009-0361 号

This is a translated version of
Perfect Passwords: Selection, Protection, Authentication
Mark Burnett

ISBN: 1-59749-041-0

图书在版编目（CIP）数据

完美口令：菜鸟也能防黑客/（美）伯内特（Burnett, M.）等著；陈萍等译. —北京：科学出版社，2009

书名原文：Perfect Passwords: Selection, Protection, Authentication

ISBN 978-7-03-024897-8

Ⅰ.完… Ⅱ.①伯… ②陈… Ⅲ.电子计算机–密码术 Ⅳ.TP304.7

中国版本图书馆 CIP 数据核字（2009）第 107878 号

责任编辑：田慎鹏 霍志国 田 伟 / 责任校对：宋玲玲
责任印制：钱玉芬 / 封面设计：耕者设计工作室

科学出版社 出版
北京东黄城根北街 16 号
邮政编码：100717
http://www.sciencep.com

丽源印刷厂 印刷

科学出版社发行 各地新华书店经销

*

2009 年 7 月第 一 版 开本：B5（720×1000）
2009 年 7 月第一次印刷 印张：12 3/4
印数：1—4 000 字数：252 000

定价：29.80 元

（如有印装质量问题，我社负责调换〈明辉〉）

作 者 简 介

Mark Burnett 是网络安全方面的顾问，同时他也是一位作家，并在基于 Microsoft Windows 的服务器与网络方面做过深入的研究。他在封锁 Windows 服务和确保 Windows 系统安全方面积累了十余年的经验。Mark 是 *Microsoft Log Parser Toolkit*（Syngress 出版，ISBN: 1-932266-52-6）一书的合作作者与技术编辑，是 *Hacking the Code:ASP.NET Web Application Security*（Syngress 出版，ISBN: 1-932266-65-8）一书的作者，是 *Maximum Windows 2000 Security*（SAMS 出版，ISBN: 0-672319-65-9）一书的合作作者，是 *Stealing the Network: How to Own the Box*（Syngress 出版，ISBN: 1-931836-87-6）一书的合作作者。他为 Dr.Tom Shinder 写的 *ISA Server and Beyond: Real World Security Solutions for Microsoft Enterprise Networks*（Syngress 出版，ISBN: 1-931836-66-3）一书提供了很多素材，为 *Special Ops: Host and Network Security for Microsoft, UNIX, and Oracle*（Syngress 出版，ISBN: 1-931836-69-8）一书提供了素材并作为技术编辑。Mark 在一些信息安全会议上做过发言，在一些杂志上发表过数十篇论文，这些杂志包括 *Windows IT Pro Magazine, Redmond Magazine, Windows Web Solutions, Security Administrator, Security Focus.com, TheRegister.co.uk* 和 *WindowsSecrets.com* 等。由于 Mark 在 Windows 社区与 Windows 服务器方面的工作，Microsoft 公司曾经两次授予他最有价值专家（Most Valued Professional, MVP）称号。

技术编辑

Dave Kleiman（CAS, CCE, CIFI, CISM, CISSP, ISSAP, ISSMP, MCSE）从 1990 年起就开始在信息安全部门工作。目前他拥有 SecurityBreachResponse.com 网站，同时也是 Securit-e-Doc 有限公司的首席信息安全官。在就任这个位置之前，他已经是 Intelliswitch 公司的技术运营副总经理。在该公司，他管理一个国际电信与互联网服务供应商网络。Dave 是公认的网络安全方面的专家。作为在佛罗里达通过认证的执法人员，他擅长于计算机取证调查、事件反应、入侵分析、安全分析和保护网络基础安全设施。他写了数部有关网络专业使用的微软技术的说明书。他开发了一个 Windows 操作系统系统锁定工具—— S-Lock（www.s-doc.com/products/slok.asp），该工具在功能上超越了 NSA、NIST 和微软公共标准指南。Dave 与其他人共同编写了 *Microsoft Log Parser Toolkit* 一书（ISBN 1-932266-52-6）。他经常在网络安全会议上发表演讲，是网络安全相关的时事通讯、Web 网站和互联网论坛的固定投稿人。Dave 是很多学术组织的成员，包括国际打击恐怖主义和安全专业人员国际协会（International Association of Counter Terrorism and Security Professionals, IACSP）、国际计算机取证协会（International Society of Forensic Computer Examiners, ISFCE）、信息系统审计与控制协会（Information Systems Audit and Control Association, ISACA）、高科技犯罪调查协会（High Technology Crime Investigation Association, HTCIA）、网络和系统专业人员协会（Network and Systems Professionals Association, NaSPA），检查认证舞弊协会（Association of Certified Fraud Examiners, ACFE）、反恐怖主义鉴定委员会（Anti Terrorism Accreditation Board, ATAB）等。他也是 FBI 的安全专家和部门主管，也是国际信息系统鉴定组织（International Information Systems Forensics Association, IISFA）的教育主管。

技 术 审 阅

Ryan Russell 已经在 IT 领域工作了 10 几年，多年来一直专注于信息安全研究。他是 *Hack Proofing Your Network, Second Edition* 一书的第一作者（Syngress, ISBN: 10928994-70-9），还是 *Stealing the Network: How to Own the Box*（Syngress, ISBN: 1-931836-87-6）一书的作者和技术编辑，也是 Stealing the Network 系列和 Hack Proofing 系列从书的技术编辑。他也是 *Snort 2.0 Intrusion Detection* 一书的技术顾问（Syngress, ISBN: 1-931836-74-4）。Ryan 建立了 vuln-dev 邮件列表，并且以 Blue Boar 的网名管理该列表三年。

目　　录

第 1 章　口令：基础及其他……1
引言……2
我们的口令……3
人类愚蠢的行为……4
你并没有那么聪明……6
小结……9

第 2 章　与对手交锋……11
破解高手……12
为什么是我的口令？……12
口令破解……13
明文、加密与散列……13
口令是如何被攻破的……15
在数字游戏中取胜……18
小结……20

第 3 章　真的随机吗？……23
随机性……24
什么是随机性？……25
人类的随机性……30
机器的随机性……31
随机缺乏补偿……31
低预测性……33
更加唯一……34

第 4 章　字符多样性……37
理解字符空间……38
口令排列……41

字符集……42
小写字母……44
大写字母……45
数字……45
符号……47
小结……49

第 5 章 口令长度……51
引言……52
长口令的好处……52
容易记忆……52
容易输入……54
更难破解……56
其他安全方面的好处……59
构建长口令……60
增加单词……60
封装……60
数字模式……61
有趣的单词……61
重复……62
前缀和后缀……63
增加颜色……63
句子……63
小结……64

第 6 章 口令杀手——时间……65
口令的时效性……66
关于时间……66
强制策略……66

第 7 章 便捷的口令……69
引言……70
记住口令……70

押韵……71
重复……72
形象化……72
联想……72
幽默和反语……74
信息段……74
夸张……74
冒犯……75
抱怨……75
其他记忆方法……75
输入口令……75
键盘记录……76
管理口令……77
隐匿……77
机密问题……80
小结……83

第 8 章　构建强口令……85
引言……86
构建强口令……86
三个词……86
E-Mail 地址……88
网址……89
头衔……90
数字押韵……91
抓住重点……94
坦白……95
曼波音乐舞步（The Elbow Mambo）……95
电话号码……96
字母替换……96
小结……97

第 9 章 最糟糕的 500 个口令······99
最糟糕的口令······100
口令······100

第 10 章 口令变形十要点······105
变形使口令复杂······106
多样的方言······106
不规则性······106
分割······107
重复······107
替代······107
其他标点符号······108
口吃······108
非单词······109
外语和俚语······109
打印错误······110
特别提示······110

第 11 章 强口令的三个准则······113
引言······114
复杂性准则······114
三个要素······114
一万亿······114
唯一性准则······115
保密性准则······115
小结······116

第 12 章 庆祝口令日······117
口令日······118
口令日的起源······118
庆祝口令日······119
小结······120

第 13 章　认证的三个要素……121
多因素认证……122
认证的三个要素……123
小结……125

附录 A　测试你的口令……127
附录 B　随机种子单词……129
附录 C　完全随机……163

Chapter 1

第 1 章
口令：基础及其他

下了马，他将马拴在一棵树上，然后向入口走去。他不会忘记那句话，他不断重复着："芝麻，开门哪"。于是，就像往常一样，门开了。他走了进去，看到那些金银宝藏还原封不动地在那儿放着。

——《天方夜谭：四十大盗》

引言

十年前，我拥有了第一份工作：软件开发员，也许从那时起我开始迷恋上了网络安全。时断时续，我编写代码也已经许多年了，但是，这是第一次有人聘请我做软件开发。我是一个公司雇员，我得整天写代码。我有一个网络账号，每天早上都会用它登录。几乎像公司的每个人一样，我用了很简单的口令，每隔三个月就会更换一次。当然，更换后的口令也一样简单。

长久以来，我对各个方面的安全都很感兴趣，但当时的所能获得的信息太少了。那个时候，还没有 Google 等搜索网站，你只能通过无止尽地点击一个又一个网站的链接来找到有用的信息。最后获取的信息往往是过时的、不可靠的，且局限于文本信息。所以结果我总是不满意。

尽管如此，我还是利用所有的空余时间去研究我所能找到的一切信息，打印了大量的资料，在一遍又一遍地研究后，我逐渐找到了些感觉。尽管我只是一个初学者，但仍旧学到了一些技巧，成为一个办公室黑客。

不久后的一个早上，我的一个朋友（也是某公司负责人之一）拉我到他的办公室，告诉我公司面临着一个困境，而且需要我的帮助。那天上午早些时候，公司的高级网络管理员与副总裁有过一次激烈的争执。在争吵过程中，网络管理员把他的钥匙甩在桌上，收拾好办公桌，就离开了公司。现在，公司的管理层要我进入所有的系统并恢复系统管理员的口令，因为副总裁实在不愿意打电话给那管理员索要口令。我知道面对这样的任务我没有经验，但我还是经不起挑战带来的诱惑。我告诉他，我会做到的。

但是当我坐下，冷静下来后，就意识到这项任务对我来说是多么的艰巨。我确实掌握了一些技巧，但我竟然妄想自己能完成这项任务，这真的很荒谬。我想，也许我应该向我的朋友坦承我没有他想的那么厉害。是我想得太多，还是虚荣心在作怪？就算这事听起来并不合乎逻辑，但是我想，这也该是展现自己的时候了。

那天，如果我没有发现这样一个重要结论，我应该已经失败了。这个重要的结论就是：黑客们过人的技巧并不是他们成功的主要原因，我们每一个人在安全方面的疏忽大意才让黑客的破解行为变得如此轻松。我发现没有人使用强口令，而且，我们总是重复地使用那么几个相同的口令。每当涉及到口令的时候，我们似乎都变得没那么聪明了。

我先破解了管理员 Microsoft Access 中的口令，然后又破了他的电子邮箱口令。接下来，我又破了 Windows NT 的管理员口令。随着口令被一个一个的破解——superman12、superman23、superman95、Wonderwoman，他的安全防线彻底崩溃。

其实那天我并没有做什么特别的事情，只是发现了人们在网络安全中的一个致命弱点，那就是：人们使用的口令具有可怕的可预测性。那天深夜，我把口令清单用 e-mail 发给朋友。回到了家之后，我还一直沉浸在胜利的喜悦中。

第二天早上，我碰巧和公司总裁和副总裁同时到达办公楼，他们俩都转过身来，就好像事先已经排练好的一样，打开前门并向我鞠躬。我一开始感觉有点迷糊，但马上意识到他们已经知道我破了口令。我一边走进门一边为得到了公司高层的赏识而高兴。我喜欢像这样引起别人的注意，也是从那一刻起，我几乎疯狂地迷恋上了安全、口令以及人们的行为特征。

我们的口令

口令，不管以何种形式，长期以来一直与安全联系在一起。我们通常在文学作品上看到这样的描述：用口令打开一扇门，用口令通过一个防御，或使用口令来辨认敌我。这些模糊的字词或短语就是辨别间谍的魔咒。

口令也是现代生活中必不可少的一部分。我们使用它来检查电子邮件和语音信箱；我们利用它从 ATM 机上提款或是登陆到网上银行；我们利用它来进行金融交易或是网上购物；我们使用它来限制无线网络的访问，为我们的私人数据加密。当你定购比萨、购买鲜花、租 DVD 或是洗车时都需要口令。我们的世界充满了秘密。

描述口令的方式有很多，如 PIN、通行码，还有其他的描述。有了口令这个秘密武器，我们才能获取生活中被保护的那部分信息。

口令不仅仅是一把钥匙，它有很多用途。它们可以通过某台机器对我们进行身份验证，当然这是只有我们自己知道的秘密；它们可以保护我们的隐私，确保一些敏感信息的安全；它们还是不容质疑的证据，使我们无法否认曾经使用口令进行过交易的事实。用户名可以识别身份，而口令用来验证我们的身份。

但是口令也有一些缺陷：在任何个时候都不只是一个人可以知道这个秘密。它不同于使用身体的某一部分的生物密钥，一次只有一个人可以拥有，所以你不能保证别人不会以某种方式获得你的口令，这些可能都是在你不知道的时候发生的。此外，恶意地把口令透露给别人，长期以来也是一个隐患。口令失窃是经常发生的事件，而且，在日常生活中也确实时常发生。你唯一可以采取的保护措施就是使用一个强有力的口令，小心地保护它，并且经常更换它。

口令的另一个缺陷跟人的行为有关。人的本性就是不会去认真对待那些没有察觉到的隐患。我们不会思考为什么会有人想获取我们电子邮箱或是上网账号。我们理所当然地认为自己选用的口令是安全的。

就在那一天，在上班的时候，当我从公司总裁和副总裁身旁走过之后，我走进门口，穿过大厅，坐在办公桌前。当我用我那简单的口令登录我网络账户时，突然，我被自己的这个疏忽震撼了。我意识到自己系统的安全性就跟前天被我破解的那个系统一样脆弱。就凭我最近使用的两个口令，别人很容易猜到我的当前口令以及将要使用的一个个口令。至少有一个同事已经知道我的口令，因为那天我生病了，我告诉了他口令以便他能访问我的文件。就在那一天，我就决定要改变我设口令这种草率的态度。

人类愚蠢的行为

几年前，我看了自称为精神病的 Kreskin 的一场表演，那是一场令人惊叹的表演。我一直仔细观察他不断地预测和操纵观众行为的过程。在表演过程中，他解释道：他并没有任何神奇的力量，只是对人的行为有一种特别的理解。

他不断地猜测着观众们挑选的秘密，并且都是跟很多观众个人生活中的事实联系在一起的那些秘密。例如他能够猜测出一些观众的社会保险号码或是生日。能够做到猜测别人秘密的有很多人，如心理分析师、算命师、巫师、魔术师，以及其他类似的人，他们往往是依赖于人们行为的可预测性，获得猜测的成功。毫无疑问，这显示了人们只是不断地重复着自己的行为而已。

如果你让人说一个蔬菜的名字，98%的人会告诉你胡萝卜。如果让他们从 50 到 100 之间任意挑一个数，并要求这个数的两个数字是不同的，人们通常会选择 68。如果是挑一张牌，通常的选择就是方块 9、黑桃 A、红桃 Q 或者梅花 6。

你甚至可能发现自己在预测别人的行为或是其他事物的行为方面有着一些特殊技能，例如去推测一部电影的结局。值得注意的是，就像我们很难避免这种可预测性一样，我们能够发现他人的可预测性。

看一看表 1.1 中列出的随机口令，花几分钟的时间研究一下，你会发现其中出现了一些简单的可以预测的形式。

表 1.1　随机口令

bmw66	fuzzy1	trisha
Jessica1	Steven	123456
sa1856	Alexis	gregory2
843520	xmen94	brutus1
0214866	link11	lakers7
m9153p	1nani1	lamacod1
cyril87	Bubba1	pariz2
7082382	856899	letmein
100265	grady6	tiger69
jimmyd2	mpick1	cats999
wes333	mjordan2	supra1
053092	sti2000	bearcub
4Obelix	usa123	wargame6
6Bueler	Lieve27	dan1028
Franc1	3089172	13crow
Nicole3	Roswell	ncc1701
elin97	67bird	jun0214
toyota4	rat22	password

令人吃惊的是，这张小小的列表准确地揭示了口令的本质。我可以给你一个包括1000个甚至100万个口令的列表，但是你不会比在这张小小的表中发现更多有关口令的知识。

我知道这些口令的本质，因为我已经做过仔细地研究。几年来，我已经从各个渠道收集了生活中的口令。我已经收集了近400万个口令，而且我通常利用一些自动工具，例如Google这样的搜索引擎，在网上查询口令，这样一来，我的口令列表还在不断的扩大。我收集这些口令就是想更好地了解人们是如何设置口令的。五年来我一直在收集、研究，并关注着那些口令，其中有成千上万的“QWERTY”和“12345”。

我完全没有什么惊人的发现。口令越来越多，但并没有改变我对这些口令的统计，我选择出来的始终是那些。在前500个口令中，它们的长度、复杂性都几乎相同，并且几乎没有什么变化。

事实上，我得出的数目跟几十年前的那些研究非常接近。这些口令一个又一个被预测到是类似的：以一个或两个数字结尾、以几个数字开头、或是纯数字的、爱人的名字、日期、车名、运动队名，或是关于流行文化，或者是经常出现的“letmein”和“password”的形式。我可以另外再收集400万个口令，但得出的结论将可能会是一样的。

你并没有那么聪明

在口令方面，有个事情一直困扰着我，那就是：很多人都认为他们是聪明的或独特的，然而，事实上并不是。如果你看到100万个口令，你可能会惊奇地发现，你的口令跟其他很多人的口令都很相似。如果你曾经有过一次穿越美国大陆的长途飞行，你可能会注意到：除了那几千平方公里的空地，你并没有看到很多其他特别的东西。偶尔，你会经过一些名胜古迹，但随后又会回到一片空地。

这跟我在研究口令时所看到的情况非常相似。成千上万个口令都无外乎是那么几个类似的形式。虽然可以选择很多形式的口令，但是很少有人用到。

这些年来，我开始根据格式对口令进行分类。以下是一些最常见的几类口令书写格式，这些例子都是我们不应该采用的，永远不要按照这样的格式来设置口令。

简单的字词

这一类包括字典中的词语、你的名或姓、常用口令，或是一个在某个单词表中很容易找到的简单词组。以下这些口令是最糟糕的，因为它们很容易被字典攻击所击破，在下一章中，我们将对字典攻击进行介绍。

- cupcake
- auto
- badger
- letmein
- Jonathon
- Red Sox
- dirty dog

简单的数字单词组合

这类口令只是看起来比一个简单的词语更好些，我们在口令前后加了一些数字试图为了更加安全或是符合一些特定的规则。例如：

- deer2000
- atlanta33
- dana55
- fred1234
- 99skip

简单的字符组合

同样，这些口令只是略好于一个简单的字词。这些口令通常包括一些简单的字符替换或有意的拼写错误。例如：

- B0ngh
- g0ldf1sh
- j@ke

牌照口令

这些口令包括一些短语的缩写、数字、或其他的技巧。在安全性方面，这些口令肯定比一个单词更强一些。但它们绝不是无可匹敌的。它们往往读起来象个汽车牌照。例如：

- sk8ordie
- just4fun
- dabomb
- kissme
- laterpeeps

简单的字词重复

大多数口令破解工具都能识别出这种简单的模式。例如：

- crabcrab
- patpat
- joejoe

随机乱码

这些口令在技术上更为安全，因为它们是随机的，也很难被预测，但就像本书中提到的那样，一个容易记住和容易敲打出来的口令对安全性来说也是至关重要的。例如：

- 9uxg$t5C
- Bn2#sz63j
- &fM3tc8b

模式和序列

这些口令可以归类为字词，因为它们很常见。这些口令包括了一些根据键盘上键的形状和位置构成的模式或序列。

- QWERTY
- 123456
- xcvb
- abc123
- typewriter（所有的字符都在键盘的同一行）

小结

信息安全最重要的一个方面就是使用强口令。同样，安全方面最大的失败就是采用了弱口令。网络管理员们责怪用户使用如此简单的口令，而用户则抱怨网络管理员们所制定的那些严格的口令规则所带来的不便。

更为严重的问题是，还有大量的软、硬件产品还在继续地采用默认口令出售给用户，用户们则永远没有机会去更改它（登录 defaultpassword.com 可以了解这个问题的严重性）。

人们通常采用很简单的口令，并且不注意去保护这些口令。他们和别人共用口令，而且在多个系统中重复地使用相同的口令。与此同时，计算机的功能不断在增加，黑客工具的数量和质量也在增加，这些都是对口令的威胁。

因此，许多人预测，口令本身终有一天会被淘汰。我听到人们会谈论视网膜识别、指纹识别，但从某种意义上讲，安全仍然会涉及一些机密和口令。

看来口令将不会被淘汰。本书中，我会介绍设置强口令的技巧以及如何保护口令、免受攻击。我们所要做的就是遵循一些简单的规则，运用一些基本常识，像保护真正的机密那样保护口令。通过采用这些方法，我们可以延续口令——这个简单认证方法的生命力。

口令时代还未结束。

Chapter 2

第 2 章 与对手交锋

本章主要内容：

- 破解高手
- 口令破解

破解高手

破解口令就是采用各种技术和工具去猜测，有条理地确定，或以其他方式获得口令，从而能够未经许可访问那些受保护的资源。破解口令有时用于合法地恢复已丢失的口令，有时也用于管理员使用破解工具去测试用户口令。但是，在大多数情况下，破解口令就是用来窃取用户的口令。

有些人将这种破解手段称之为游戏，有些人称之为犯罪。但无论如何，最有才华的计算机专家和初学者都在使用破解工具。正如一个黑客告诉我的那样:“[口令破解]就是一种力量，这种力量能迫使一个系统泄漏其信息。”

我在一个聊天室里遇到了那个黑客。在破解界，他以他开发的那个特别的破解软件闻名的，他只同意匿名与我交谈，甚至都没有提及他别名。他对我说：“我不是一个黑客，也不是一个侵略者。我只是破解口令而已，但大家都叫我黑客。黑客，破解高手，两者其实是一样的。”

他为什么这样做？“为了交易、出售、交流，”他告诉我。“这为我赢得了尊重，而且，那是一件有趣的使人着迷的事。并不是只有我一个人这样做，一直以来，这种事情不断地在发生着。”

这就是事实，一些人为了不同的利益在盗取口令，而且这都从未间断过。

为什么是我的口令?

说到安全，我最常听到的问题就是，为什么人总是拥有一些秘密，这些秘密能足以诱惑黑客去窃取他的口令？黑客攻击的原因之一可能是掩饰他们的身份从而达到一些目的，例如发送垃圾邮件，也许这攻击只是通往更大目标过程中的一小步而已。这些攻击可能进行着诈骗他人的金融交易，或者可能想获得你已认购的一些服务。事实上，你甚至不能理解在哪些方面，你的口令对他人是有用的。

盗取口令是一个严重的问题。显然，一些网站是更具有吸引力的目标，但不管目标有多小，没有一个能逃脱这样的遭遇。

口令破解

口令破解，这曾经是一项特殊的技能，如今任何人都能利用一些工具来破解口令，如L0phtcrack, John the Ripper和Cain & Abel。然而，在学习破解技术之前，重要的是去理解系统是如何存储你的口令的。

明文、加密与散列

一个系统可以用三种基本方法保存你的口令。每当输入你的口令时，系统都有某个方法能判断你输入的口令是否正确。此时，该系统必定保存了某些信息。

第一个也是最明显的方法就是简单地把你输入的口令保存下来。此时，系统以这种明文的方式进行存储，没有实行对口令的任何混排、加密或编码。当你登录到计算机或网络账户时，它可以把你输入的口令与保存在数据库中的那个副本进行比较。如果完全匹配，就让你进入系统。这一方法的缺点是：你不能确保那个口令数据库的安全。系统的某些用户会具有某些特权，此时，这些具有特权的用户去查看这些数据库，所有的口令将一览无遗。这种方法还有一个巨大的风险，如果某个黑客能访问到数据库，那么他就立刻获得了所有人的口令。

想一下在使用磁卡前，酒店是如何为你提供房间钥匙的。前台服务员转向一块大板，上面罗列了酒店的所有房间，然后从一个挂钩上取下一把钥匙，交给你。然而，你房间的几把备用钥匙还在那挂钩上。换句话说，任何能够走到服务台后面的人都可以拿到你房间的钥匙。这基本相当于以明文方式存储口令。他们对任何人来说都是伸手可及的。

虽然明文方法提供的口令安全性很小，但是很多应用软件仍然用它来保护敏感的口令。许多软件开发者的安全意识依然有限，并重复地犯着依赖于明文方法存储口令的错误。

另一种方法是在存储到数据库之前对每个口令进行加密。加密就是把纯文本文件与另一个密钥结合起来，形成一个乱码字符串。此时，只用使用相同的密钥才能恢复这个乱码。换言之，加密就是用一个口令来保存另一个口令。同样，任何有主口令的人都可以进入整个数据库，因此它只是略比明文安全些。

以之前酒店钥匙为例，加密就相当于是把酒店所有的钥匙都放在一个上锁的箱子里，只有前台服务员有一把箱子的钥匙。如果你信任服务员，那么这个方法是比较安全的。

由于一些原因，对口令加密的方式通常不太被接受，但它肯定优于明文存储的方式。有时候，一个应用程序必须得存储某个口令，并且在稍后的使用过程中再去检索它，没有什么办法能解决这个问题。例如，Windows对各种口令进行加密和储存，以便能够启动系统服务和连接到各种资源。你经常会看到当一个登录对话框弹出时，你的口令已经以一连串的星号输入了。

提示

当你的口令丢失了，而且必须要找回的时候，你可以回忆一下，是否有某个系统已经以纯文字或是加密的方式储存了你的口令。如果你通过检索之后，系统找到了你的原始口令，你就知道你的口令是以别人能够检索到的方式存储着。如果这样，你的口令的安全性只是和整个系统的安全性一样，也只能跟信任那些系统管理员一样去信赖系统的安全性。

不幸的是，如果程序员缺乏适当的安全意识，这种加密方案就会受到影响。程序员们往往喜欢尝试发明自己的加密方法，或是那些长期以来被证实为不适用的方法，而不去采用那些经过时间检验的、被普遍接受的、安全的加密算法。

关于存储口令被广泛接受的解决方案就是使用口令散列。散列是经过一种算法得出的结果，这个算法是一个复杂的公式，它通过复杂的方法把纯文本进行修改，从而产生一个能代表口令的乱码字符串。哈希算法是单向的公式，因为没有适当的方法能从散列计算出它的原始口令。你不能倒推这个公式。

为了检查你的口令，系统将获取口令，用同样的散列算法运算，然后把结果跟存储在散列数据库中的数据进行比较。如果它们相同，系统就认为这两个口令是相同的。只有在这种情况下，算法才会产生相同的散列。

假设你在当地银行租了个保险箱。你将把最私密的东西存放在里面，银行为你提供了两把钥匙（图 2.1）。请记住重要的是，这是你箱子唯一的两把钥匙。如果把两把钥匙都丢了，银行只能请一名锁匠撬锁才能打开你的箱子。如果你丢掉你的钥匙，而且银行经理告诉你，银行可以再给你一把。这时，你就要当心，因为这银行在某处有多余的一把钥匙。

图 2.1　钥匙和锁

口令散列类似于一把锁。别人不能轻易使用锁本身去打造一把新的钥匙。因此，你会感到很安全，因为有人可以拥有这把锁，但却不能置你的钥匙于危险之中。如果系统使用口令散列，你会理所当然地觉得安全，这是因为你的口令没有被直接暴露。其实它不是绝对安全的（在本章后续内容中会讲解这个方法带来的风险），但它是常用方法中最安全的一个。

口令是如何被攻破的

窃取口令所采用的方法取决于目标系统。一些口令（例如操作系统的口令）经过几次失败的尝试后，就会有一些机制可以将口令锁定。你也会注意到网上一些私密的账户也是如此，例如银行网站的账户等。通常，黑客可以使用一些技术进行离线攻击，这取决于攻击者的 CPU 功率和性能。

在线攻击和离线攻击的区别在于：在线攻击时，口令会受到存储口令的那个系统的保护，而在离线攻击时，口令则不会遇到任何保护。

在线攻击使用的是系统的正常登录方式。面对一个登录提示，攻击者可以手动输入口令，或者使用一些软件进行自动登录。在线攻击通常比较容易被检测到，必要时还会被拦截，所以他们通常不会成功。在线攻击时，为了避免被发现，攻击者只能通过几次猜测去推测你的口令。

然而，有耐心的黑客们可以使用隐身法进行在线攻击。例如，他们可以使用一个自动工具来尝试在 24 小时内每隔一小时就以不同的口令登录，直到找到正确的为止。另一种方法是用一个常用口令逐一尝试，在一个长长的名单中找到使用该口令的用户。还有一个方法是用一些常用的用户名/口令组合，并通过上千个网站进行尝试。

在线攻击比较困难，但有很多人都使用极其简单的口令，从而使得它往往能够得逞。在线攻击的优势在于：它能够对一个网站或者一个账户进行一次快速的匿名攻击。

离线攻击比较复杂，但一旦成功，攻击者通常会得到巨大的意外收获。当入侵者能够以某种方式进入到口令散列数据库时，就可以进行离线攻击了。我之前讲过，口令散列是单向算法，他们不能直接转换成口令，但如果有人能盗取到散列，他们就可以进行离线攻击。

如果有人获取了口令散列，他们就可以执行字典式的强制性攻击，本质上就是通过尝试上百万个口令，直到找到正确的那个为止。这种攻击相当于在一大串钥匙中一个个去试，直至找到能打开锁的那把。因为没有哪个系统能够强行实行制止或是其他措施，所以攻击者们能尽情地尝试各种口令，想试多久就多久。因为很多人都使用简单的口令，所以他们很容易被离线攻击。通常在短短的几分钟内，黑客就能获取 50%的散列所对应的口令。

离线攻击通常包括先取一个口令，通过哈希算法进行转换，然后跟散列数据库中散列进行比较。如果攻击者能搜索到相匹配的散列，就意味着他猜到了正确的口令。

离线攻击的前提是：攻击者必须已经在某种程度上攻破了系统的安全性，此时，攻击者能访问到口令散列数据库。有时，这需要一个高难度的攻击行为才能够做到。但通常，由于程序员或系统管理员的一些失误，暴露了这些散列。事实上，黑客往往只要使用一个例如 Google 这样的搜索引擎就能访问到口令散列。

有了目标，攻击者就可以寻找一些比较脆弱的网站，获取他们的口令散列，并使用软件破解，直至获取一个能够登录的账户。这种行为在一些攻击专区中很常见。在那里，一些人（即开发者）获取口令散列，而另一些人（即破解高手）用软件进行破解。一旦这些散列被破解，这些攻击者可以把大量的口令进行交易或者出售给他人。

在下文中，我会介绍一些破解高手们进行在线和离线攻击的方法。

巧妙的猜测

获得口令最简单的方法就是去猜测。很多黑客仅仅尝试五个最常见的口令就能破解某个系统口令，他们甚至还尝试空口令或是和用户名相同的口令。如果没成功，他们就转向下一个账户，并继续尝试，直到他们找到那些使用简单口令的账户。这个方法需要他们去尝试大量的账户。黑客们经常使用自动工具进行大规模的攻击。

如果有人认识你，那人可能会把你的口令跟你的个人生活联系起来，例如：你女朋友的名字或是你的名贵跑车。有些人可能恰好知道你在其他地方使用的一些口令，他们会用这些来试一下。这个技巧是进行攻击的最基本形式，但它很有效。

字典攻击

字典攻击通常对一个口令进行离线攻击，如果使用恰当的话，将该方法运用到在线攻击时也同样有效。字典攻击通常会用到一个词汇表（往往是一本字典），然后用每一个字词进行尝试，直到找到正确口令。为了便于进行字典攻击，一些网站上的很多词汇表都可以利用，如 http://sourceforge.net/projects/wordlist。

可以使用很多工具软件对不同的系统进行自动的字典攻击。这些工具大多非常智能，能够尝试对字典中的字进行简单的变换，例如在字后面跟一个或两个数字或者进行简单的字母替换。

蛮力攻击

蛮力攻击比较麻烦，但它是字典攻击较完整的版本。蛮力攻击也需要尝试上百万个口令，但它需要尝试每一个字母和标点符号的组合，直到找到正确口令。这种类型的攻击可能需要很长时间才能成功，因此它往往作为最后的一个选择。蛮力攻击很慢很耗时，但还比较常用。在第 4 章中我会更详细地介绍蛮力攻击。

彩虹表

离线攻击是通过对上百万个口令使用哈希算法，从而找到那些跟目标匹配的散列值。彩虹表中预先计算了上百万个口令的散列，这有效地提高了离线攻击的效率。当然，需要花很长时间去生成这些表，但是你一旦有了这些表，就可以在几秒钟之内破解大量的口令。

为了方便起见，Shmoo 集团计算出了这些表，并且在他们的网站 http://rainbowtables.shmoo.com/ 上提供使用。

彩虹表是非常有效的，这个表能迅速使得那些少于 15 个字符的口令在遇到离线攻击时立刻失去防御作用。

社会工程

有时候，黑客只需要简单地问几个问题就能够获取你的口令。虽然这也许是本文中最古老的技巧，但它相当有效。

黑客有时伪装成服务台或技术支持人员，并试图欺骗你泄露口令。他们也会给你发送一封电子邮件，邮件声称你的易趣或支付宝账户被冻结了，同时让你在某处输入口令。他们甚至会利用你的贪婪，采用一些能快速致富的把戏，或在利用他人的过程中利用你。

对付这一类型的攻击最好的方法就是：不管是谁，永远都不要把你的口令泄露给他人。

其他技巧

黑客们掌握了大量的技巧。他们可以使用键盘记录程序去记录你在键盘上的每一次输入。也可以使用 sniffer 嗅探器这种监测网络流量的专用工具，获取网络上传输的未经加密的口令。他们可以利用浏览器的漏洞，获取可能包含验证信息的少量数据。他们甚至可以拿把枪对着你的脑袋向你要口令。获得口令的技术是多样化的，而且不断地在进化。

在数字游戏中取胜

击败破解口令最有效的方法就是使用强口令。如果你的口令够长、随机而且没有包含个人信息，仅仅采用一些常用的技术是很难获取你的口令的。在这个世上，一个强口令是至关重要的。

幸好，这些数字是站在你这边的。

大多数口令破解技术会涉及对时间或 CPU 功率的权衡。通过在搜索数十亿的字符串之后，而试图找到正确的口令，这种做法非常耗时，然而，计算机的处理能力正在变得越来越强大。通常，一个口令破解工具每秒钟能搜索上百万个口令，一天几乎就能搜索几千亿个。

这种处理能力意味着：如果让攻击者尝试数十亿个字符串之后，就能够找到你的口令，这时，你还不够安全；你需要迫使他们尝试万亿或千万亿个才行。“万亿或千万亿”这个数据是你唯一的防御措施。

你需要让破解你的口令变得非常困难，这样就没有人会有耐心或花费力气去做这件事了。在整本书中，我会讲解如何作好这项保护措施，但现在，我将解释为什么这些数据是如此的重要。

口令的复杂性决定了需要花多长时间来破解你的口令。你的口令不应该简单到连一次字典攻击都无法抵挡，你应该将你的口令隐藏于数万亿个可能的字符串之中。因此，你的口令必须至少包含 10 个字符，而且并不仅仅是小写字母。

万亿（trillion）这样的数目是难以想象的。这里有些实例能加以诠释：

- 在绝大多数讲英语的国家，一万亿（1 000 000 000 000）就是一千个 billion（在英国、爱尔兰、澳大利亚、新西兰，1 后面跟 12 个零被称为 billion）。
- 一光年（光行走一年的距离）是大约 6 万亿公里。
- 月球质量大约是 81 000 万亿吨。
- 世界前 200 位富翁的总资产估计超过 1.3 万亿美元。
- 大概需要超过 1 万亿个一分钱硬币才能填满整个帝国大厦。

另一方面，IBM 公司的 Blue Gene/L 超级计算机可以以每秒超过 280 万亿次浮点运算的速度运行。1 万亿是一个很大的数目，但计算能力能使它迅速缩小。

你的口令必须只是成千座帝国大厦里硬币中的一枚（图 2.2）。这是你唯一的保护措施。

有人想要把 1000 万亿个口令尝试一遍，使用目前的技术这将会花很长很长的时间。如果使用 100 台电脑，以每秒一百万个口令的速度运行，假设在半途中就能破解你的口令，这样破解你的口令所需的时间是 317 098 年。

图 2.2 让你的口令成为填满成千座帝国大厦的那些硬币中的一枚

小结

口令的安全性在很大程度上取决于你对安全的态度和谨慎程度。如果不小心保护你的口令，可能总有一天会被盗取。你还必须注意透露了哪些关于自己的信息。请记住：你在公共互联网论坛上发表的任何信息都可以被 Google.com 这样的搜索引擎，或是 Archive.org 这样的存档网站编入索引。这些信息可以保存几年，甚至几十年。一些你已经不再登录的老网站也许还存在某些缓存里，任何想要收集你信息的人都可以利用。许多公共信息资源也可能暴露了你的个人信息，你的电子邮件地址可能已经散布在整个互联网上了。

当你在互联网上发布任何信息时，请务必小心并考虑后果。例如易趣这样的网站会鼓励卖家创建个人网页，在那可以显示你和家人、宠物的个人信息以及你的兴趣爱好。如果你的口令涉及这些信息，那么，这对一个黑客来说是相当有用的。此外，有人可以通过例如易趣这样的网站来判断你曾经买卖过的物品。同样，这些信息都是攻击者可能用来对付你的。

注意你所公开的信息，同时，也要对你自己的口令加强保护。本书或许能提供一些设置坚不可摧的口令所必需的建议和技巧。

Chapter 3

第3章 真的随机吗?

本章主要内容:

- 随机性
- 随机缺乏补偿

随机性

口令安全本质上是围绕一个基本策略来考虑的：生成一个没有人能在给定时间内预测（或猜测）到的口令，并持续定期改变它，使得它变得很难被预测。

“刻意地”做到不可预测是很难的。在某些时候，当人们努力实现随机性的时候，会发现其结果反而变得更加容易预测。口令安全最重要的方向——随机性，是我们要努力实现的目标。

现在的问题是我们通常对随机性概念不甚了解，“随机性”是很难定义的。举例来说，当我们一段时间内在老虎机（一种赌博游戏机）上下了赌注，结果没有赢钱。此时，我们会倾向于转到另一个机器上，心里会想，也许这一台能给我带来好运气。当有人在某台老虎机上获得了巨大的赢利时，他可能会认为现在是换到另一台机器上下注的时候了。在赌徒们谈论赌博结果的时候，或者欢喜或者悲哀。此时，他们更加迷信于“随机性”。然而，赌徒们根据“随机性”选择老虎机策略的缺陷在于，他们不了解“随机”是没有偏爱，没有记忆的。随机性与统计没有关联，并且是完全不可预测的。当然，如果你在足够长的时间内统计足够多的老虎机，下注和收入将基本上是持平的。但是，针对某一个老虎机，它可能连续 3 次赢钱，或者从未获利过。在这两种情况下，“随机性”是没有差别的，“随机性”没有任何趋势或偏倚。

注 意

我曾经听说游戏公司专门设计老虎机模型，在某种程度上的操纵“随机性”，让娱乐场赢利。然而，我认为这可能与事实不符。这些公司会去竭尽全力去确保他们的机器在较长的时间内，能尽可能的出现随机性结果。当然，其“随机性”中的不一致因素可能会被利用。Kevin Mitnick 在他的《入侵的艺术》（Wiley，ISBN：0-7645-6959-7）一书中写到了这个问题。他描述了四个不同的人如何在老虎机中发现了随机数的弱点，并利用随机数的产生器为他们牟利。

我们做一个假设，百年一遇的风暴距离现在有 100 年了，你会认为下一次这样的风暴会很快到来吗？此外，当这样规模的风暴到来之后，你会认为人们应该担心下一次这样的风暴吗？

数据是否是随机的呢？在这一个问题上，我们同样遇到困惑。考虑以下圆周率π值的前 50 个数字：3.14159265358979323846264338327950288419716939937 5。这个数字看起来是随机的，但是如果你分析更多的数字，你可能看到一些规律。真的随机吗？如果你用计算机重复地生成随机数，要想最终会产生圆周率π这一数字，可能要花费几十年才能发生。

注 释

圆周率π是一个很复杂的数，以至于很多人都认为它接近随机。由你的生日组成的数字，在π的前 1 亿个数字中出现的可能性有 63%（详见http://www.angio.net/pi/piquery）。

同样地，你可能听说过如果你让很多猴子随机地在打字机上敲打，他们最终将完成莎士比亚的整个著作。如果真是这样，你也许会问：难道这意味着莎士比亚的工作是随机的吗？骰子是随机的吗？电视屏幕上的静电噪音是随机的吗？云彩的形状是随机的吗？你的口令是随机的吗？

什么是随机性?

随机性是一个独特的概念。我们还不能了解真正的“随机性”指的是什么。当我们在一个序列中没有看到明显的规律时，我们就说这是随机的。例如，我们看到序列 1，2，3，4，5 是非随机的，是由于我们看到了规律。此时，我们能轻松地推测序列将如何继续。序列 10，100，1000，10 000 同样有着可以识别的规律。另一方面，序列 93，2，75，49，36 没有明显的规律。因此，我们不能推测序列中下一个数字是什么。如果没有可以产生序列的公式或规律，我们就认为这个序列是随机的，换句话说就是：随机数就是没有规律的数字。

然而，没有规律的数也不能保证就是随机吗。对于一个序列，在任何情况下都没有办法重新产生，才是随机数，而圆周率π的值看起来随机，但是却有具体的方法来重新计算它的值。

实际上，很难地去判定一个序列是否真的随机。因此我们看一下决定序列随机性的一些特征。

- **均匀分布**：整个序列中的任何数字，均有相同的分布概率。
- **不可预测性**：任何一个数字与先前的数字没有任何关联，同时也没有任何可供预测整个序列次序的信息。
- **唯一性**：随机地产生相同的序列的可能性几乎为零。序列越长，数值就越单一。

这三个属性保证随机数据不可能被猜测，因此使得随机性是构成强密码的一个关键的元素。

不幸的是，完全的随机密码很难去记忆，甚至就算我们能记住它们，产生这些数也是一项复杂的任务。

均匀分布

均匀分布性表示在产生随机序列之前，作为输出的结果，每一个都具有相同的可能性。在你投掷骰子之前，骰子的六个面都有可能朝上。由于均匀分布性，我们能够假设在相当长的时间后，随机性产生的数字将覆盖整个数字集合。

想象一个草坪喷灌器（如图 3.1 所示）。当水滴从喷头喷射出时，很难预测某一喷孔的水会喷洒到那片草叶上。在水离开喷头之前，在喷洒范围内的所有的草叶都有相同的可能性来被水滴喷洒。同样地，如果你喷洒足够长的时间，水将会最终喷洒到喷头喷射范围内所有的草。具体来说，在一段时间内，所有的草都能接受相同水量的灌溉，因为均匀分布没有偏好。

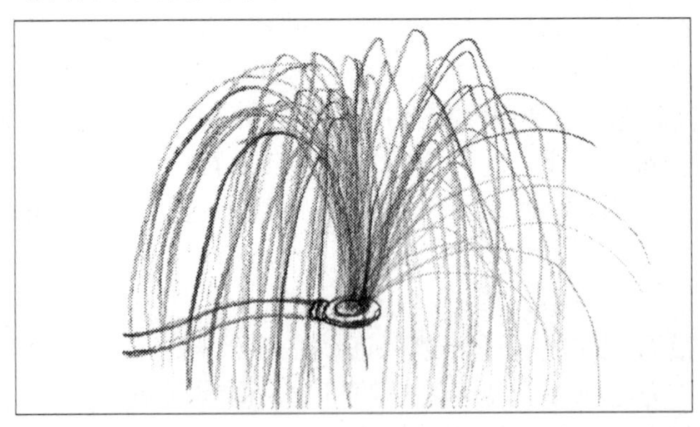

图 3.1　草坪喷灌器

人类的语言不是随机的，因此，源于这些语言的口令同样也不是随机的。如果我们统计一下在不同口令中每个字符出现次数，我们会发现：这远远不能做到随机。图 3.2 表示了超过 300 万口令中的字符实际分布情况。该图清晰的展示了大部分人在他们的口令中偏好小写字母和一些数字。如果口令具有完全的随机性，那将应该像图 3.3 那样平均分布。图 3.3 表示计算机随机生成器生成的口令。

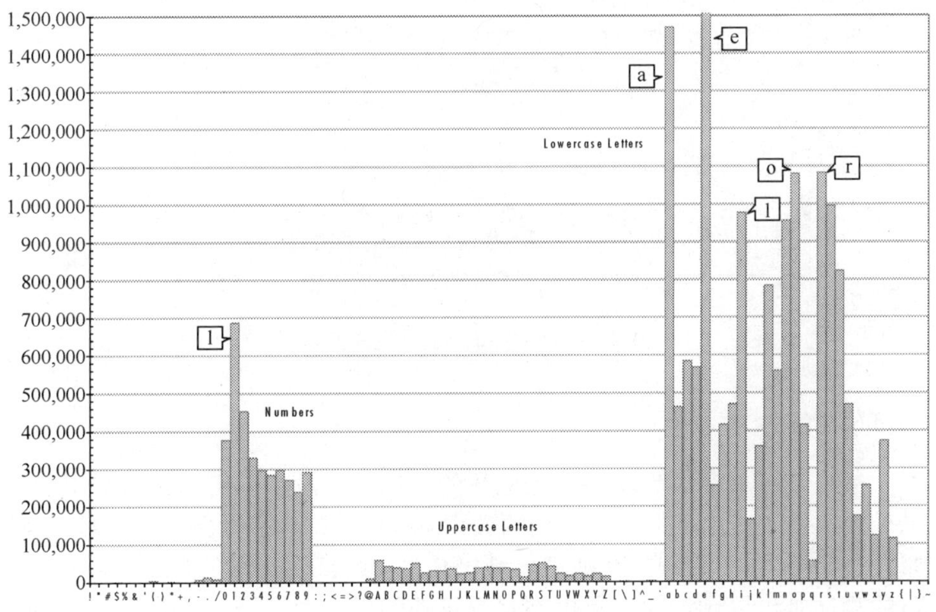

图 3.2 口令字符的分布

在理解“均匀分布”这一概念时，以下一点很重要，这就是“均匀分布”并非意味着随机数总是平均地分布着。数据平均分布只是一种可能性，因为平均分布性是在多次样本统计后的统计平均值，图 3.3 中的分布也并非完美的均匀分布。如果你抛 100 次硬币，你不可能正好得到 50 次正面和 50 次的背面，有可能是 46 次正面和 54 次背面，或者 52 次正面和 48 次背面。次数越多，得到正面与反面的次数就越接近一半。均匀分布意味着随机数可以是任何形式——均匀地分散、聚集或二者的结合。如果抛硬币，总有连续得到 5 次正面的可能性。得到一种结果可能性与得到另一种结果的可能性一样，这就是随机性。

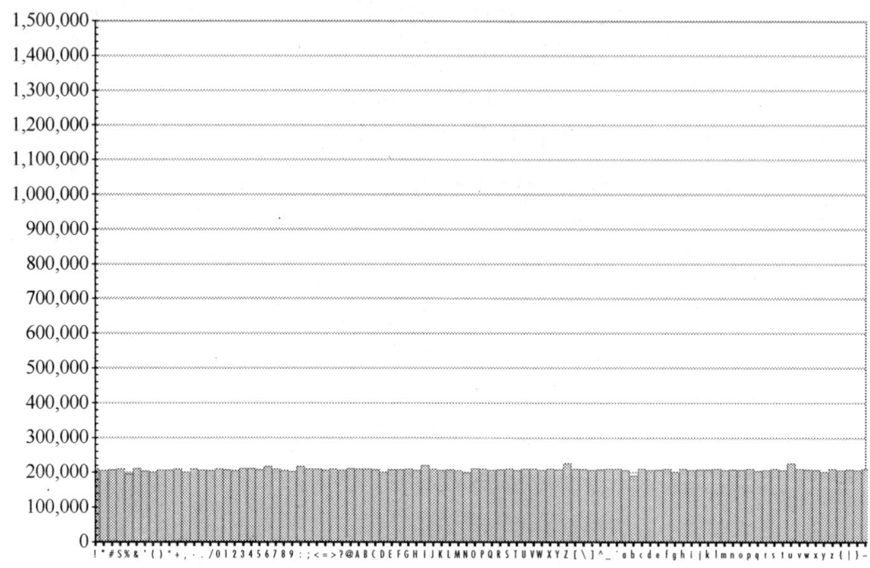

图 3.3 随机字符产生器生成的口令

不可预测性

使得某些数字成为真正的随机数的方法是：没有任何预先的知识能帮助你去决定下次出现在随机序列的数字。在英语中，字母“Q”后面一般都紧接着字母“U”，跟随其他字母是极其少见的；因此，在英语短语中，字母的顺序是可以预测的，所以不是真正的随机。如果每一个数字完全独立于每一个其他的数字，这样才是完全的随机。在随机数据中，任何两个数据都没有记忆，也没有任何关联。

英语中充满了重复，这些重复在语言交流时是有帮助的。也正是如此，使得英语语言中的字母变得可以被预测。某些字母和单词比其他的字母和单词更常用。从图 3.2 中可以看出，基于字典单词的口令是非均匀分布的。

这就是为什么安全专家建议，在构建口令时，应该使用完全随机的字母而不是英语单词，因为单词具有可猜测性。

你可以通过测量“平均信息量”来判断序列的不可预期性。平均信息量是判断信息的无序程度或不确定性的一种度量。信息的密度是测量序列中数据冗余度的基本手段。

为了说明平均信息量的概念，我们举一个例子，看一下来自莎士比亚的名著《哈姆雷特》中的一句话“to be, or not to be”。它由 20 个字符组成，但是究竟它包含多少信息量呢？你也许说有 20 个信息量，但是如果你仔细看，这个短语中仅仅只有 6 个独立的字母。而且，如果你再认真看，你可能注意到只有 2 对词组：“to be”和“or not”。也许你可能坚持说：这个词组仅仅有 2 组信息量，甚至认为整个短语如此普通（Google 搜索这个短语会有 230 多万结果），以至于认为整个短语就是一个信息量。

据证明，英语中预计有 50%的冗余。换句话来说，你可以省略句子中一半的字母，它仍然能够被人们所理解。这也意味着，要想具有相同的平均信息量，基于英文单词的口令长度需要是完全随机的口令的两倍。

唯一性

如果你产生一个随机字符串（如 10 个随机的字符），你将很少有机会使得这由 10 个字母组成的字符串重复地产生 2 次。随着字符串的长度的增加，重复的机会就变得更少。这就是为什么很难去猜测有效信用卡的账号的原因。因为对每一个有效的账号，可能有的几百万没有使用过的号码，有如此之多的可能的变化。由于随机号码是均匀分布，而且字符间没有任何关联，对每个真正的随机序列来说很少会有重复的几率。

缺少随机性对大部分口令来说是一个巨大的弱点。考虑到所有的通用语言非常简单，即使在每一个单词后增加数字，也没有足够多的不同单词串。以任何次序排列的 8 位小写字母能够产生 26^8（即 208 827 064 576）个可能的单词。然而，在整个英语中，只有 1700 个 8 个字母的单词，而这其中又只有 500 个是常用的。这就意味着，对每一个 8 个字母的英语单词而言，有超过 1200 万个 8 个字母的组合不是英语单词。

因为大部分口令不是均匀分布、不可预测或唯一的，所以这些口令对攻击者来说很脆弱，只能提供有限的安全。除了真正均匀分布的口令，大部分口令都集中在相似的口令组中。

为了展示口令中缺少随机性，我们可以比较美国整个的陆地表面积和所有你可能敲入标准键盘的 8 个字符的可能情况。仅考虑由 8 个字符组成的口令，陆地表面积表示了整个口令的数量。现在想像一下，几百万人在整个美国土地上选择 $1cm^2$ 的土地，表示他们的口令。事实上，尽管他们有整个的美国来选择，但是基于实际的口令数据，98%的口令会位于 36 平方英寸的土地内。

如果你试图破译口令，这是一个极好的消息，因为你没有必要在大范围的空间去搜寻，大部分的口令都是在大约相同的区域内。

人类的随机性

因为人们对随机性的知识了解得很少，所以，很难利用自己的能力得到随机数。你可以自己试试，在计算机键盘上输入长的随机字符。当你敲击的时候，你将会发现很难输入真正随机的字符串。你很可能发现在你敲出的字母中，出现“asdf”和“uiop”次序的机会很多。

更为严重的是，你越试着去制造随机数，所产生的数就变得越可以预测。例如，你可能会刻意地避免冗余或者一些明显相同的字符串，结果却产生了相同的其他类型的模式。想想“猜猜哪只手”（guess-which-hand）的游戏，把一个物体放在你手中，把双手都放在背后，让小孩来猜哪只手里有东西。游戏开始时，他们的猜测将在某种程度上是随机的。当继续玩这个游戏时，这次他们猜测的结果多基于上次的结果（例如如果他们上次正确地猜测在左手里，下次他们可能试图再次猜测还在左手里）。另外一方面，他们可能变得更聪明，并且预测你会交换左右手的东西，所以他们猜测在右手。重复多次，你将看到，你的选择和小孩的回应都会形成一定的规律。

如果你给某人一包硬币，并让他们随机地把硬币抛撒在桌子上。初看，你会发现，从大部分人撒的结果看，这些硬币都是随机排列的。但是，如果你认真看，就会发现在这些硬币的随机性中依然有些规律。例如，虽然硬币看起来是随机排列的，但硬币之间的距离实际上也可能是相同的（如图 3.4 所示）。这说明了在我们试图制造随机性中，也避免不了落入某种有规律的模式中。

图 3.4　看起来随机排列的硬币

很明显地，在我们使用的口令中缺少随机性。我们倾向于使用更接近于我们生活或环境的单词。在选择数字和单词时，我们都倾向于选择那些预示着我们某些方面信息的单词，而不是从整个可用单词集合的范围内去选择。我们可能试图去翻开一本字典，随意挑选一页并选择一个单词，但是，我们翻开的是哪本字典，翻到页码的哪一部分都会存在偏好。

机器的随机性

在使用计算机产生随机数的时候，也会存在着问题。你不可能简单地让寄存器和电路去选择真正的随机串序列。计算机在执行过程中需要精确的指令，在让计算机产生什么样的随机字符的时候尤其如此。事实上，计算机在使用被称作 PRNG 的伪随机数生成器（Pseudo Random Number Generator）来实现“随机性”。伪随机数不是真正的随机数，它实际上是一个算法，这个算法能够生成看起来随机的数。但是，这些生成的序列串实际上是可以被预测的数字序列。在这里，随机性的关键是“种子”，它的值被用来初始化随机序列。如果你知道种子，你就能重复地生成该随机数字序列。

进一步解释一下，计算机使用了一些很复杂的方法来产生随机数，并产生随机数串。这些方法可以是基于时钟、环境因子，或者基于用户使用键盘或鼠标是产生的事件。有些方法更加深入，在探求产生真正的随机数。表 3.1 列举了一些公开可访问的资源和方法，它们都能够产生随机数。

表 3.1　可访问的随机数资源

网址	随机数产生源
www.random.org	雷达采集的大气噪音
www.fourmilab.ch/hotbits	氪 ^{85} 的放射性衰减
www.lavarnd.org	电荷耦合器镜头的随机噪点

随机缺乏补偿

至此，我们已经说明了实现随机性的困难。然而，针对口令，利用随机性来解决它还是没有问题的。因为，我们可以借助一些窍门，来补偿实现“真正随机性”的困难来产生口令。

我们知道，随机序列有具有均匀分布性的特征。换句话说，均匀分布保证了在选择字符时没有偏袒。如图 3.2 所示，我们在字符选择上是非平均的。在阻止密码破解者的时候，我们不可能做到完美。事实上，我们可以利用一些离散的字符来达到相同的目的。仅仅在口令中加入一些数字和符号，就有可能使得口令破解变得更加复杂。没有必要去平均分布字符，仅仅使破解者每次都猜测并检查足够多的字符就可以了。

为了阐明这个问题，先来说一个著名的游戏——石头、剪刀、布（Rock, Papers, Scissors, RPS）。这个游戏非常简单，两个玩家同时选择石头、剪刀、布这三种手势中的一种，赢家由以下三条规则决定：

（1）石头能敲碎剪刀。

（2）剪刀能剪断布。

（3）布能包住石头。

每一个手势都有相同的机会去赢取、打败或者打平对手。RPS 是一个极好的随机性学习案例，因为每一轮的 RPS 本质上都是随机组合的序列。很长时间以来，在进行挑选或去除的场合时，这种方法都被认为是公平的方法。

看上去 RPS 轮回很随机，而且应该是平均的，就像抛硬币和掷骰子一样。每个玩家都有三种选择，每个玩家都有以不能预期的形式选择这三种手势。

很奇怪，事情不总是这样。人们发现了这样一个策略，并且有人使用这个策略，可以连续赢得这个游戏，甚至在世界锦标赛中通过该策略赢得比赛。

如果你和斯坦福大学的名为 Roshambot 的自动程序（http://chappie.stanford.edu/~perry/roshambo/）比赛足够长的时间，你将会输给这个程序，你也许会对此感到奇怪。计算机明显比人类有一个更好策略。

有很多高级的被称为“诡计”（gambits）的 RPS 策略，比如“Scissor Sandwich”、“Paper Dolls”等。这些是一系列的 3 种策略意图的选择。在 PRS 中只有 27 种可能的策略，其中 8 种比较常用。下面就是所谓的“八大”（Great Eight）策略：

- 天崩地塌（石头-石头-石头）

- 官僚主义（布-布-布）（英文 paper 可以翻译为文件，到处都是文件故为官僚主义）
- 火上浇油（布-剪刀-石头）
- 鸣金收兵（石头-剪刀-布）
- 一包美元（石头-布-布）
- 布娃娃（布-剪刀-剪刀）
- 剪刀三明治（布-剪刀-布）
- 工具箱（剪刀-剪刀-剪刀）

有经验的 RPS 玩家会综合运用这些策略。在上面的策略中，最有意思的是：只有 2 种包含了所有的 3 种手势。实际上，在著名八大策略中，3 种手势没有平均分布。石头出现 6 次（25%），布出现 10 次（42%），剪刀出现 8 次（33%）。然而，这些技巧的效果非同小视。

如果你和某个很少选择石头的人玩 RPS 游戏，而他能突然改变他的策略，你必须考虑到他有可能知道这一策略。口令也是一样，你的口令没有必要完全是不重复的字母、数字和符号的混合。对于一个攻击者来说，只要选择的符号足够分散，他就必须考虑各种可能性。

低预测性

我们都很有可能不具备做到真正不可预测的能力。但是没关系，真正的不可预测性是指你口令中的每一点信息与其中任何其他的信息都是独立的，你不能使用其中的任何部分信息来预测随后的信息。这意味着，真正的具备不可预测性的口令是一些彼此互不关联的字符串，并且总是很难记住。另一方面，当你使得口令变得容易记忆时，毫无疑问，你将增加口令的可预测性。

幸运地是，就像第 2 章中所述，破解口令要么成功，要么失败。如果某人试图猜测你的口令，他们不是 100%的对就是 100%的错，没有中间的选择。计算机绝不可能告诉破解者，他们输入的口令有 20%是不正确的。考虑到这些，为了保证口令的有效性，口令没有必要做到完全的不可预测性。我们所要做的是保持足够的不可预测性，以此来阻止攻击者对口令的威胁。你可以使用其他字符来帮助你记住口令。

下面就是完全不可预测的口令的例子：

- 3Kja&Ey#
- u?7h%dPW
- @bx8R2k$

另一方面，有很多使用了适量的非预测性，但又不丧失可记忆性，来保持口令强度的例子。以下就罗列了一些：

- WhitenEighteen
- Fast+rocketing+
- creepy—FIVES
- Imp ort.ant
- cake and tape

如果你仔细看看这些口令，可能看到前后字符的特点，很多单独字符可能被预测到。然而，口令作为一个整体确实很难预测，因此，这些口令十分的有效。

更加唯一

在语言中，没有“更加唯一”这样的说法。要么唯一，要么非唯一，没有中间的可能。然而，当我们转到口令时，就有必要考虑一下“更加唯一”的说法。我的意思是，你的口令必须和其他的任何东西都不同，即使使用速度强劲的超级破解工具，做任何可能的排列，也不能破解你的口令。这就是大部分人失败的地方。参见以下基于单词 dragon 的可以使用的口令：

$dragon, 01dragon, 108dragons, 12dragon, 13dragon, 19dragon, 1Dragon,1dragon1, 1dragon2, 1Dragons, 21dragon, 2dragon, 2dragon5, 34dragon,3dragon3, 44dragon, 4dragon, 4dragon4, 5dragons, 64dragon, 666dragon, 69dragon, 6dragon9, 77dragon, 79dragon, 7dragon2, 7dragon9, 7dragons, 87dragon, 89dragon, 96dragon, 9dragon, 9dragons, balldragon, bdragon, blackdragon, bluedragon, darkdragon, Drag0n, Drag0n11, drag0n21, drag0n22,drag0n42, drag0n8, drag0n89, drag0nFF, Drag0ns1, dragon, dragon*p, dragon@, dragon, Dragon0, dragon00, dragon01, dragon01p, dragon02, dragon03, dragon04, dragon05, dragon0512, Dragon06, dragon07, Dragon1, dragon10, dragon101, dragon11, dragon116, dragon12, dragon123,dragon1232, dragon13, dragon14, dragon15, dragon15a, dragon16, dragon17,dragon18, dragon19, dragon1966, dragon1976, Dragon2, dragon20, dragon21,dragon22, dragon23, dragon25, dragon26, dragon27, dragon28, dragon29, dragon31, dragon32, dragon323, dragon33, dragon3317, dragon34, dragon35, dragon36, dragon369, dragon37, dragon3x, Dragon4, dragon42, dragon43, dragon44, dragon45, dragon46, dragon47, dragon49, dragon4ever, dragon4m,dragon5, dragon50, dragon53, dragon54, Dragon5fist, dragon5m, dragon6,dragon60, dragon62, dragon63, Dragon64, dragon65, dragon66, dragon666, Dragon69, dragon6c, Dragon6f, Dragon7, dragon70, dragon71, dragon713, dragon72, dragon73, dragon74, dragon75, dragon76, dragon761, dragon77,dragon8, dragon81, Dragon85, dragon87, dragon88, dragon89974, dragon9, dragon93, DRAGON95, dragon96, dragon97, DRAGON98, dragon99, Dragona, dragonar, dragonas, dragonass, dragonb, dragonball, dragonballs, dragonballz, dragonbeam, dragonbone, dragonbreath, Dragonbz, dragonclaw, dragondb, dragone, dragone1, dragonef, Dragoner, dragones, dragoney, dragonf, Dragonf1, dragonfang, dragonfi, dragonfighter, dragonfire, dragonfire12, dragonfl, dragonflly1, dragonfly, dragonfly1, dragongod, dragongt, dragongu, dragonha, dragonhe, dragonhu, dragonj2, dragonj3, dragonja, dragonjd, dragonki, dragonl, dragonlady, dragonlance, dragonlord, dragonlords, dragonlvr, dragonman, DragonMaster, dragonn, dragonnes, dragonnor, Dragonor, dragonorb,dragonos, dragonov, dragonp, dragonpa, dragonphoenix3, dragonR, dragonrage, dragonrat, dragonrd, dragonri, dragonron, dragons, dragons1, dragons2,dragons52, dragons531, dragons7, dragons9, dragonsf, dragonsign, dragonsl, dragonslayer, dragonsp, Dragonss, Dragonst, dragonsy, dragonsz, dragont, dragonta, dragontale, dragontalep, dragontR, dragonus, dragonw, dragonwa, dragonwi, Dragonwing1, dragonwo, dragonwolf,Dragonwyng,dragonx,dragonx1, dragonz, dragonz1, Dragonz4, dragonzz, firedragon, gothik_dragon, Greendragon, hcdragon, icedragon, mydragon, pdragon, pdragon9, pendragon, ratdragon9, rbdragon, rdragon, reddragon, redragon, sdragon, sdragon739, sexdragon, SilkDragon, silverdragon, snapdragon, Tdragon, tsdragon, wdragon, wdragon1, wikeddragon, xdragon, xdragon3x, yearofthedragon

如果你研究上面的列表，你将会发现，对于计算机来说，花费片刻时间就能测试出以上这些变化中的 90%。这些口令彼此之间都区别不够，因而不能阻止聪明的口令破解者。你也应该注意到，以上这些口令之间具有一定的一致性和可预测性。

然而，你同样可能注意到，相对于上述口令而言，很少有口令具有某种程度上的不可预测性。而诸如 gothik_dragon 和 dragonphoenix3 等就更具唯一性，是 dragon 经过更多的转换而得到的口令。这样的口令抓住了"唯一性"这一关键要点：使你的口令更长。一个长的、唯一的口令比短的、唯一口令被破解的可能性更小。这是一个简单的数学问题，你口令中包含的字符越多，唯一性的机会就越多。除此以外，因为你已经知道了英语有 50% 是多余的，你应该尽可能的使口令长度为你正常使用长度的 2 倍。

当然，人类在产生随机数方面的能力有限。但是，通过采用一些方法和使用一些简单的策略，我们就能够生成足够强的口令。接下来的两章给出了很多我们可以使用的方法，这些方法可以用来增加口令的离散性、不可预测性和唯一性。

Chapter 4

第4章 字符多样性

本章主要内容:

- 理解字符空间
- 口令排列
- 字符集

理解字符空间

几年前，我为一家大型 PC 厂商做技术支持。一天，我接到一名客户的电话，他抱怨他的软盘驱动器不能正常读取软盘。此前，我已经接到过很多类似于这样的电话，并且我也知道他只是没有进行正确的插入。经过几分钟的努力之后，我还是未能帮助他进行磁盘定位，于是，我决定采用一种新策略。

我告诉客户拿着软盘试着插入驱动器，如果不符合驱动器的位置，就按照顺时针的方向转动再试一次。在尝试所有的四个方向后，只有让他弹出磁盘然后尝试下面的四个方向。只有 8 个可能的插进磁盘的路径，所以他终于找到正确的那一个了。尽管他成功了，但是不知什么原因他尝试 9 次才找到正确的方法。

从本质上讲，这就是找到插进磁盘的正确路径的蛮力法（也叫穷举法）。如果你尝试了每一种有可能插进磁盘的方法，你最终总会找到一种正确的方法。既然这样，最多努力尝试 8 次（当然，对一些人来说也有可能是 9 次）就会找到正确的路径了。

去年年初，我儿子希望骑自行车去上学，但是他忘记了自行车密码锁的密码。我观察了一下这个车锁，发现它有三个拨号盘，每一个都是从 0 到 9（如图 4.1 所示）。我马上想到，这也许可以用蛮力法来找回密码。我试了所有三个数字都是 0 的组合方式，然后拉动车锁，然而它并没有被打开，所以我又尝试了 001、002、003 等等。我知道这个密码的数字组合就在 000～999 这样一千种可能组合方式之中。

图 4.1　具有三个拨号盘的自行车锁（每个拨号盘都有 10 个数字），并有 1000 种可能的密码组合

当然，我不可能去尝试一千种所有的组合。最坏的情况就是我试到第 1000 次才找到正确的密码。从统计学上来说，基于尝试过一半的组合才有 50%的机率找到正确的，所以我很可能在尝试 500 种组合之后就找到了。这虽然是件工作量很大的工作，但却是可行的方法。我看电视、躺在床上、去厕所的时候，或者任何休息的时间都能够进行。

接下来的是另一个蛮力攻击的例子。如果你尝试所有可能的组合，你最终会找到那个正确的。事实上，如果你足够细心，你完全可以保证最终找到正确的组合。

蛮力攻击

事实表明，破解我儿子的自行车锁根本不用试 1000 次。我发现了这种锁在设计上的一个缺陷。我发现一旦我将最左边的第一个数字设置正确后，我就可以将锁向右边拉开一点，至第二个数字的地方。当我将最左边的第二个数字设置正确后，就可以将锁向右边再拉动一点，之后再成功设置第三个数字。这就意味着我可以一次针对一个数字实施蛮力攻击——从 0 开始，直到我找到第一个数字。之后，重复这样的操作，找到以后的数字。因此，针对每一个数字，最多有 10 种尝试的方法。最终表明，我可以用大概 15 次尝试，就可以攻破这种自行车锁的组合。

这种自行车锁的正确的设计方法应该是：所有三个数字都设置正确，才可以移动锁。

一千种可能的组合是很多的，但是请设想一下，在每个拨号盘上，一个自行车锁不只是限于从 0 到 9 的数字组合，也可能是在此基础上再加上从 A 到 Z 的字母组合。这就意味着每个拨号盘有 36 种可能的设置。如果有三个拨号盘，并且每个盘都有 36 种可能值，一共就有 36^3，或者 46 656 种可能的组合。如果再让表盘大点，那么我们找到开锁的组合密码就更加困难了。每个表盘上的值越多，我们试验所有组合的时间就越长。

如果我们将英文标准键盘的每个可行的字符都安装到拨号盘上，对于三个拨号盘来讲，我们就可以增加 850 000 多种数字组合。所以，或许有人会去愿意去尝试 1000 种组合，很少有人会花费时间去试验 850 000 种可能的破解方案。

用穷举法破解密码的方法是指尝试所有的可能值，也就是对于每个在口令可能的字符位置都要进行尝试，直到找到正确的口令。对于有五个字符的口令，解密高手会从 aaaaa 开始，然后试过所有的可能组合直到 zzzzz 结束。很明显，这是一个大量的排列组合。但是，目前有专门的解密应用软件来快速地找出所有可能的组合，从 aaaaa 到 zzzzz 只需要大约一秒钟的时间。

提 示

实际上，很多自动口令破解工具不是按照字母顺序进行搜索，而是按照字母出现的频率，从频率最高的字母开始搜索。某些破解工具还具有一些智能特征，它能够根据已经成功破解的口令的频率来调节字符频率。

为了给解密高手制造困难，我们可以采用像增加自行车锁拨号盘中值的数量的策略。换句话说，你可以用数字、大写字母、标点符号等等替换只用小写字母的口令。下次你设置一个口令时，系统会提示你需要输入带有数字或者标点符号的口令。从根本上讲，你所有的设置是利用更大的拨号盘。拨号盘越大，穷举解密的时间越长。

提 示

在很多系统中，口令是区分大小写的。这意味着大写与小写字符是按照不同字符对待，此时，Apple 与 apple 是不同的口令。这样，我们在选择口令时就有更多的选择空间。

推而广之，这个概念可以应用很多事情上。比如，假定你借来某人的钥匙串，但是不知道到底哪个钥匙可以打开哪把锁。很明显，钥匙串上的钥匙越多，你找到能打开特定锁的钥匙花费的时间越长。

口令排列

很多人低估数字排列的力量。这也许是因为我们把这些看成了数学中的排列组合。组合涉及来自一系列次序不是重要的规则中所有可能的选择。排列是相同的事情，除了他们把次序算进去，这样会导致产生更多可能的结果。

如何理解组合呢？举个例子，设想有一个简单的抽奖游戏：从 0 到 9 中你可以任意挑选三个数字，如果你选择三个数字和结果中任意次序的三个数字匹配上就算胜利。假设你挑选出 1、2、3，如果结果是 2、1、3 的次序，你就赢了，如果结果是 3、2、1 的次序，你也赢了。事实上，从 0 到 9 中给出 3 个数字，只有 220 种不同的组合，所以你有 220 个获胜的机会，这就是组合[①]。

这里，与大家分享一个相关的数学公式，详细的解释可以参见维基百科：http://en.wikipedia.org/wiki/Combinations_and_permutations：

$$\frac{(n+r-1)!}{r!(n-1)!}$$

公式中 n 代表你要选择这组数字总数，r 代表可选择的数目。上述的例子用这个公式就可以得出 220 种可能组合。

如果你认为选出数字的次序也需要考虑，那么赢得机会就会很明显的减少。假设抽奖游戏有累积奖金，如果你选出来的数字顺序和结果给出的次序完全一致的情况下，你才可以得到奖金（如图 4.2 所示）。并且，我们用这个来类比口令，此时假设每个数字可以用多次。这就意味着可能的排列有 10×10×10 次可能，或者 10^3 种可能，即 1000 次可能。

在数量上，220 和 1000 有很大的不同。为了帮助你更好地理解这一点不同，我们可以看到，最终方案的数量是依赖于有多少数字可供选择（如表 4.1 所示）。如果要增加进行选择的这组数字的数量，那么排列的数量会明显增加。

① 上例实际上是可重组合的例子，3 个元素中，取出 10 个，可以重复取——译注。

图 4.2 抽奖游戏：抽出的三个数字如果符合结果中出现的数字，就有 220 种可能组合；如果还需要考虑次序，就会有 1000 种可能的排列

表 4.1 增加备选数字的数量可以极大地增加排列的数量

选择	组合	排列
3	220	1 000
6	5 005	1 000 000
7	11 440	10 000 000
8	24 310	100 000 000
9	48 620	1 000 000 000
10	92 378	10 000 000 000
11	167 960	100 000 000 000
12	293 930	1 000 000 000 000
13	497 420	10 000 000 000 000
14	817 190	100 000 000 000 000
15	1 307 504	1 000 000 000 000 000

如果从 0～15 这些数字中，而不是 0～9 的范围内，选择出 3 个数字，会有 4096 种排列。这样排列的结果比组合的结果增长的更快。

与抽奖游戏类似，在你的口令中使用的字符数量越多，可能的排列结果就越多，这就给蛮力法造成更大的困难。

字符集

很多口令规则看上去是随机的，不是采用这个口令，而是选择与其相近的另一个口令，这其中的原因有时是说不清楚的。最近有个朋友在他工作室向我展示一个新方法。当你设置一组口令时，你会产生一些思想斗争。你会根据你设置的类型估算你口令的级别：容易、一般、较好、高级。他指出输入他经常使用的特有口令之后，系统会给出一般级别。但令他惊奇的是，仅在口令的后面在加上一个星号，级别就变为高级。从他的经验中得出，星号可以使口令级别更高。

但是这个系统有点误导。并不是星号本身使设置的口令变得更高级，而它来自于不同的字符集。

注 释

Johnny 喜欢在网上冲浪，并喜欢将口令写在便签上。他的母亲注意到，他在 Disney 在线上的口令是“MickeyMinnieGoofyPluto”，就问他，为什么采用如此长的口令。Johnny 回答说：“系统提示说，口令至少要有四个人物”（four characters）[①]。

在口令领域里，字符集是可以应用到口令中的一组具有键盘特征的字符。基本的几类字符集如下。

- **数字**：0～9 的数字
- **小写字母**：a～z 的小写字母
- **大写字母**：A～Z 的大写字母
- **其他字符**：标点符号～、*、= 等

很多系统都是通过核查你使用多少字符集来判断口令的安全等级，当然是使用字符集越多，口令的安全等级就越高。

当建立一种口令规则的时候，系统管理员可能会要求在你设置的口令中结合使用两个或更多的字符集。在 Windows 操作系统中，具有复杂的口令设置标准，它要求至少使用三类字符集中的字符。当系统显示你的口令不能满足设置要求的情况下，这就意味着需要输入更多字符，所以，可以尝试添加一些不同的数字和符号。下面是不同字符集的使用实例：

① character 在英语中，含义是字符、人物。本句应该是“四个字符”——译注。

一种字符集：

- applepie
- 6565656

两种字符集：

- HappyCamper（大写字母和小写字母）
- notnothing!（小写字母和标点符号）

三种字符集：

- 677Mustangs（大写字母、小写字母和数字）
- wrong3@email.com（小写字母、符号和数字）

四种字符集：

- Different-2day
- 4 Broken (shellfish)
- Www2.example.com

注 释

黑客们使用的许多自动蛮力破解工具能够让使用者选择攻击所采用的字符集。通常情况下，攻击者会选用字母与数字的集合，这样做能够减少攻击所花费的时间。一般地，攻击者改变设置的方式是改变字符集。此后，通过对字符集中每一个字符的尝试，攻击软件会搜索口令的每一种可能的形式。

小写字母

大部分口令都包含字母表的小写字母。口令中使用的字符中小写字母占75%以上，全部口令都用小写字母的情况占60%以上。小写字母是大部分口令的基础，但是你应该将其他字符集结合到你所使用的小写字母中。

正因为输入它们非常方便、快捷，所以小写字母使用的非常普遍。当你设置特别长的口令时，小写字母就显得很有用。事实上，你应该考虑小写字母作为你主要的策略，该策略能够增加你设置这个口令的长度和复杂度。

下面是在口令中创造性地应用小写字母的例子：

- yer weather is colllder
- sitting at the mall in springville
- collidingwithatomss
- left at the firststoplight

注意这些口令数量或者长度都超过 20 个字符了，但是他们都很容易输入和记忆。如果使用的口令少于 15 个字符，就应该避免全用小写字母，最好与其他字符集相结合。

大写字母

有一件有趣的事情，口令中包含大写字母的情况少于 3%。大多数的时候，大写字母通常只会在第一或者第二的位置上出现。换句话说，他们大部分都是首个字母大写的单词。不要忘记使用大写字母，并且确保它们在你口令中的位置不确定。

下面是使用大写字母的例子：

- Evan the IV
- Call the FBI
- CRAVING.com
- Radio 99.3 KRPP
- whitefish.DLL

数字

数字是人们用来添加字符集到口令中最常用的方法。在使用数字时有个问题，就是大部分人通常用可预测的方式使用数字，这样对口令复杂程度起不了多大作用。当然，应该在口令中使用数字，只不过用得时候要灵巧些。

使用数字最明显的缺点就是范围只有 0～9 十个数字，只能在字符表中稍有增加。如果人们在设置口令时仅仅钟情于某几个数字，那么情况就更糟了。例如，人们用数字 1 的可能性会超过使用其他数字的可能性。图 4.3 反映出口令中各数字出现的频率

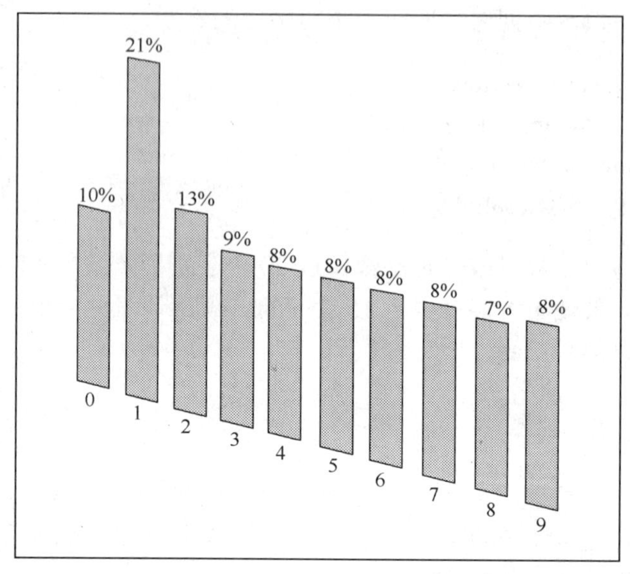

图 4.3 数字是人们在口令中最经常使用的字符，几乎是其他字符的两倍

看上面的图，攻击者可以更改他们的蛮力法策略。攻击者可以只针对 1、2 两个数字，这两个数字的使用率就占了三分之一。

另外，除了使用公共数字，人们总是尝试使用一定的数字模式或者序列。比如，满足这样模式特征的口令可以是这样的一串数字：12345、1212、2005、99 等。事实上，在前 500 个常用的口令中，很多都是这些简单的数字序列。此外，如果你的口令是 Fluffy12，你应该改变它，因为它太容易由 Fluffy13 联想破解出来。你的口令中避免出现 10%以上的数字，避免可预测的数字序列。

大部分普通口令模式利用的数字是一个字典单词或者名称后面跟 1 到 2 位数字，像 cecil6、ford99、katie5 或者 broncos12 等。你应该避免在口令中使用这些模式。

几乎三分之一的口令使用数字结尾，10%的口令是用数字 1 结尾。如果在你的口令中使用了数字，应该尝试用数字贯穿整个口令中，而且要切记少使用那些常用的、比较受人们喜爱的数字。

下面的例子是讲解怎么样在口令中使用数字：

■ 1515 Parsley Road

- 12 dozen dozens
- Channel 42 news
- Wasted 500 bucks
- Lost 7 socks
- Scoring 8 more points
- Go 50 miles on Rt. 80
- 1-800-go-NUTS

符号

符号就是这样一些字符，不是数字或者字母，包括

- **标点符号：**就是语言中的标点符号，像句号、逗号、引号等。
- **键盘符号：**在标准键盘上的非标点符号的字符，比如～、\、|等。
- **非键盘符号：**印刷字符并不是都可以使用标准键盘输入，需要特殊的输入方式，如©、¨、¿等。
- **非打印的字符：**一些特殊控制字符不能打印，但是，它们有时在口令中使用，虽然这种情况很少见。如空格、回车、制表符。

现代计算机系统支持大量的字符表，它们超过了典型的键盘字符。如果你打开"开始"菜单，选择"程序"，然后打开"附件"，你会找到很多可以使用的依赖于字体存在的不同符号。事实上微软的 Arial 字体就包含了 65000 种不同的字符和符号。这些额外的字符涉及用统一的字符编码标准（Unicode）来支持。

可以通过使用键盘上的 Alt 键来输入这些任意字符。比如，你打开写字板，要输入一个笑脸字符，你可以按下 Alt 键再输入 9786，然后松开 Alt 键，就会出现要打的符号。一些字体也许不支持所有字符，但会显示出一个小盒子。不过那没有关系，因为你始终看不见你输入的口令。并不是所有的系统都允许在口令中使用这些字符，但是 Windows 会支持 65 535 种字符编码。

使用符号，尤其是非键盘符号，允许最大可能的字符空间。这就等同于自行车锁的每个表盘上有 65 535 种不同位置。一个具有 8 个字符的口令，如果利用全部的字符空间就有 340 240 830 764 391 000 000 000 000 000 000 000 000 种不同的变化。尽管这样的口令仍然是可以推测的，但是这个机会并不是所

有人在他的一生中都可以推测出来的。

然而，这并不是说应该使用这些字符。记住用 Alt 键和数字键盘输入这些字符编码会很慢而且很繁琐。事实上，如果你考虑输入口令时按键的次数，在设计口令时，就应该在保持长口令的同时，保持输入的效率。不过，利用整个字符空间也许在高安全性上或者口令上有效果，但是不得不手工输入。

另外一个未利用的口令字符是空格。大部分人们没有意识到，很多系统允许口令中有空格。比如，Windows 不仅允许在口令中使用空格，而且可以在口令开头或者结尾中使用。如果你设置的口令有三个空格，必须说明设置的空格是口令的一部分从而获得许可。

使用空格是特别有效的策略，这是因为：

- 它们很容易记忆。事实上，他们只是空格，不需要记其他的事情
- 它们鼓励使用者去创造更长、多样的口令
- 它们能够简单并且自然的输入
- 它们扩展了小写字母和数字以外的字符空间

我能想到的使用空格的唯一缺点就是敲击空格键会发出与其他键不同的声音。对聪明的攻击者而言，也许使用太多的空格对其实施攻击有一定的启迪作用。此时，你输入口令的时候也许碰巧在他的听力范围。然而，这个缺点应该不构成不使用空格的原因。

提 示

令人吃惊的是，空格能够在很大程度上提高口令的安全性。以前，我曾经指导一个客户，建议他在口令中加入空格。此后的一天，该客户在设置一个新系统的口令时，将管理员口令写在一张纸上。某天，这张纸丢失了，并且该客户还没有意识到。第二天，他才意识到了这一点。因为，他注意到有人曾经使用管理员的账户登录系统，但是没有成功。登录日志让我的客户马上发现了攻击者，公司也很快将攻击者解雇。

是什么原因使得这位客户免于这次攻击呢？那是因为，当他设置口令时，他在口令中加入了一个空格。在他将口令写在纸上的时候，他没有写出这个空格。而那个后来被解雇的雇员在攻击的时候，忽略了这个空格。

像经常使用数字作为口令一样，人们通常使用可以预测的字符形式作为口令。人们更加喜欢口令的结尾使用句号、感叹号和问号，在词组中使用连词符、破折号和逗号。美元符号通常出现在数字之前，百分号经常在数字之后。最常用的单个符号是连词符号，它通常会出现在一个口令的第四、第五、第六个字符位置上，比如 wall-orange，knot-five。

下面是结合标点符号和其他符号的口令例子：

- Making $$$count
- 2+2+3 isn't five
- 1/2 the_meal
- Batman and/or/not Robin
- <h1>Introduction</h1>
- If (x=0) then
- C:\Program Files
- (999) dog-walk
- Smileys :) ;)
- Not! Again!?
- www.eatingcoldpizza-forbreakfast.com
- Staying "interconnected"

小结

字符使用的多样性是创立复杂口令的关键部分。使用许多不同字符的目的，是减少你所设置口令的可预测性和减少口令中存在的弱点。使用数字、大写字母和符号，可以提高你口令的灵活性和唯一性。

你希望你的口令是唯一的。事实上，你希望你的口令要足够唯一，它应该与其他任何人的口令都不相同。使用字符的种类越多，设置具有唯一性的口令的机会就越大。

Chapter 5

第5章 口令长度

本章主要内容：

- 长口令的好处
- 构建长口令

引言

几年前，我正准备在会议上给大家做一个演讲。我把笔记本电脑与投影仪连接，并进行登录操作。这是我的旅行时带的笔记本电脑。我对屏幕保护程序进行口令保护，并且当它处于休止状态几分钟后便自动进行保护。当然，我设置了很强的口令。

在我准备讲演的过程中，屏幕保护程序激活了多次，每次我都需要输入口令。随着演讲的进行，我开始注意到听众偶尔会发出笑声，而且似乎声音每次都会增大一些。过了一会儿，我终于明白——每当我输入口令，重新登录我的电脑时他们就会发笑。我的口令那时候有 63 个字符。显然，他们觉得这很有趣。

但是，如果你了解我，你知道我一贯使用长口令。一些人会认为我过于偏执。一些人不明白我如何记住那么长的口令。然而，使用长口令是最简单而且最有效的保护口令安全的策略。事实上，这是非常重要的，它可以弥补其他口令策略失效时给你带来的缺憾，并且它们并不是很难记住。

长口令的好处

长口令并非大多数人想象的那样是一个负担。大多数人认为长口令很难记忆、很难输入。事实恰恰相反。长口令当然可以容易地记住和输入，最重要的是，最难被破解。

容易记忆

在美国，成年人平均需要记住 9.8 个口令、身份证号码或者其他安全信息。但是对于那些常年在电脑旁的人们（比如从事 IT 职业的人），他们需要记住 50 个口令，甚至更多。当你认为许多系统需要你定期更改口令时（并且是你自己更新），很多口令就一直记住了。记住这些口令显然是非常重要的事情。

当然，直觉上长口令也许是更难被记住。但是我认为长口令比短口令好记，你只是需要掌握正确的方法。

看看以下很多专业安全人员认为足够安全的短口令的例子，这些短口令都是基于广泛接受的最佳安全方法而得出的：

- Sup3rm@n
- Br9T&o2_
- Bl4CK-hAt
- Y*c77pw$
- 4W5T1UP

这些可能都算是强口令了，但是你需要一些时间记住它们。如果你花一分钟去记忆这五个口令，然后再将思绪放一放，你可能最多记起它们中的一到两个。不信你可以试一下。现在，如果要你记住一打像这样每个都与众不同口令，可以想象这是多么难，更不要说要那些讨厌这些口令的人去记忆了。

现在将上面那些口令与下面这些简单但长度更长口令进行比较：

- skyisfalling
- in a coalmine
- walnut-flavored
- orange toothpaste
- a hundred pesos

如果你花一分钟时间研究一下上面的口令，你很快发现记住这些口令并不太费力，虽然这些口令的长度比前面那些口令长一倍。上面两组口令你更愿意去记忆哪一组？很有趣的是，在数学上，第二组口令的强度与第一组口令是一样的（或更强）。我将在后面详细解释其原因。

口令的实际字符长度与我们记忆口令的能力是无关的。我们不是将信息分割为单个字符来记忆；无论信息有多大，我们都是把它当成整个信息来记忆。举个例子，比如这个词组，three blind-folded mice，我们并不是单独地记忆 18 个字母，两个空格和一个破折号。相反，我们仅仅记住信息有 4 部分——词组里的 4 个单词。我们不必麻烦地去记忆空格，甚至中间的破折号。这就是长口令的秘诀——你可能有 24 个字符长的口令，但是只需要记住信息有几部分，任何人都可以做到这点。事实上，如果你在头脑中想象三只蒙着眼的老鼠，你只需要记住信息中的这一点——你头脑中老鼠的图像。

记住这些内容的诀窍在于利用更多的信息来帮助你去记忆。如果我们去掉词组 three blind folded mice 的任何一部分，比如 three _____ mice，我们仍然可以记住。这就取决于其他信息提供的上下文环境了（图 5.1）。

图 5.1 当记忆一个长口令时，比如 Three Blindfolded Mice，简单的方法是在头脑中记住以下图像

还有一个有趣的记忆方法是这样，当记忆长口令时，你可以通过记忆小的提示来帮助你记忆，而不用记忆整个口令。比如，你可以写下 blind mice 作为小提示直到你适应了，并建立了与长口令的关联。这同样适用于当你不得不与别人共享口令的情况。如果其他人忘记了口令，你可以只提示他口令里有 mice 就可以了，而不必告知整个口令，特别是在其他人可以听见的范围内。

人的大脑有很多贮存和保留信息的单元，即使是一个小孩都可以记住整首童谣或者歌曲。诀窍就是将事物排列成便于大脑处理的形式。使用长口令使得你有更多空间和机会来合并方案或者使用记忆的技巧，我将在本章的后面提到。

容易输入

同样，这有悖于常理，但我还是要说你可以比短口令更快地输入长口令，而且更准确。

这里有一个前提，就是你必须知道如何输入。如果现在你是看着键盘打字，那么长口令就只是一个更长的看着键盘打字的过程。但如果你输入字符的过程足够合理，你会发现你会花更少的时间来输入长口令。

其原因是基于我前面所解释过的：人们以单词和词组的方式思考而不以是单个字母。我们在键盘上输入是在做同一件事情。在我们的思维里，我们并不是在拼写单个字母，我们在头脑中描述这个单词，同时手指输入这个单词。当我们思考输入的内容的时候我们才有所停顿。你可以注意到当你输入时，你仅仅在每个句子之间或者每个单词间有所停顿。你心里想着什么你就输入什么（如图 5.2 所示）。

图 5.2　输入时，你输入的不是单个字母而是整个单词。由熟知的单词组成的长口令比由随机字符组成的短口令要更容易输入

如果你有诸如 c@45Wa#B 这样的口令，你会将它分解为单个字母，并且每次单个字母的输入，在这个过程中，你会犹豫并思考。而且诸如 c@45Wa#B 这样的口令需要你的手指接触键盘更多的区域，并且需要你使用 shift 键位几次。长口令没有一些特殊字符（比如符号和数字），所以你可以专注于输入熟悉的小写字母。

你可以自己试一下，比较一下你输入上面两组口令的时间就可以感觉到区别。

输入正常单词的其他好处就是你不仅更快输入，而且可以更准确地输入。原因还是一样的——人们更愿意输入单词，而不是字母，因此输入单词更加准确。

更难破解

长口令最大的优势在于口令长度是构建强口令最重要的因素。如果你的口令足够长，你就不必使用许多字符和数字了。而且，你也不必担心像短口令那样经常需要更换口令。

在 IT 界有一个流传已久的说法：口令必须由完全随机的一系列字符组成才算是有效的。很多系统管理员希望看到用户的口令由诸如 7mv4?gHa 或者 Y6+a4P#5 组成。虽然这些口令看起来很强，但这不是唯一构建强口令的方法。

通常，管理员试图通过完成强口令政策来强制用户构建强口令。如果你在这样的组织里工作，那么你会非常熟悉图 5.3 所示的令人沮丧的信息。

图 5.3　为了使用户创建强口令，很多管理员制定了复杂而混乱的口令策略

有两种方法可以提高你口令的强度：增加使用的字符集或者增加口令长度。在前面的章节，我解释了如何通过使用不同的字符集来使得你的口令抵抗蛮力攻击。虽然增加字符集是非常重要的策略，但是增加口令长度也是同样有效的，有时甚至更有用。需要做的只是在小写字母组成的口令中再增加一些字符，从而可以获得与由混合字符组成的口令一样的效果。

看一下这个例子：你认为哪个会有更多种组合？投掷 20 面的骰子一次还是投掷 6 面的骰子 3 次？结果是 20 面的骰子只有 20 种结果，但是投掷 6 面的骰子 3 次有 6^3，即 216 种结果，如图 5.4 所示。

图 5.4　哪个会有更多种组合？投掷 20 面的骰子一次还是投掷 6 面的骰子 3 次？

如果与口令比较，表 5.1 比较了由所有小写字母组成的口令与使用了键盘所有字符的口令之间的区别。

表 5.1　为增加口令强度，你可以增加长度或者使用更多字符集

长度	只有小写字母	所有键盘字符
3	17 576	857 375
4	456 976	81 450 625
5	11 881 376	7 737 809 375
6	308 915 776	735 091 890 625
7	8 031 810 176	69 833 729 609 375
8	208 827 064 576	6 634 204 312 890 620
9	5 429 503 678 976	630 249 409 724 609 000
10	141 167 095 653 376	59 873 693 923 837 900 000
11	3 670 344 486 987 780	5 688 000 922 764 600 000 000
12	95 428 956 661 682 200	540 360 087 662 637 000 000 000
13	2 481 152 873 203 740 000	51 334 208 327 950 500 000 000 000
14	64 509 974 703 297 200 000	4 876 749 791 155 300 000 000 000 000
15	1 677 259 342 285 730 000 000	463 291 230 159 753 000 000 000 000 000

根据上面的表格，长度为 7 的包含所有键盘字符的口令，比由单一小

写字母组成的口令更容易抵抗蛮力攻击。然而，10 个小写字母所包含的排列大约是 7 字符口令的两倍。也就是说诸如 dozennozes 的口令比 J%3mPw6 更容易抵抗蛮力攻击。

注 意

需要记住的是，表 5.1 所示的数字是呈指数级增长的，所以口令越长，需要的字符就越多。

比如，一个简单口令可能只需要增加一到两个字符；一个长口令需要增加 5 个或者更多字符。同样需要注意，如果你使用的口令是容易猜出的单词，比如你的猫的名字，或者你喜欢球队的名字，那么这些数字将毫无意义。

当然，将字符和数字结合起来组成口令更好，但是如果你的口令足够长，20 个字符或更长时，那么两者之间的效果将没有什么区别。

你知道吗?

口令策略

如果你是系统管理员并且执行严格的口令策略，你可能需要退一步以及重新思考策略。一个典型的口令策略可能需要口令长度至少为 8，而且必须使用数字和符号。这个策略的问题在于你希望得到一些诸如 72Mustang 或者 Micheal-23 这样的口令，然而这些都不是令人畏惧的口令，这些都是可以猜测的。

更大的问题是，用户很容易被口令错误信息搞糊涂，很多人没有完全理解如何避免这些信息。通常他们会仅仅通过尝试不同口令，直到最终有一个通过。我经常地会听到一些用户抱怨严格的口令策略——每个人都很讨厌。更加麻烦的是，他们怨恨那些强迫自己执行这种策略的管理员。

有一个简单方法，可以在不给用户制造麻烦的情况下保证口令强度。让用户使用他们想使用的字符，即使都是小写字母，但是强制一个最小口令长度来保证足够的长度，比如 15 个字符或者更长。用户更愿意输入容易接受的更长的口令，而不是输入字符数目少但难以记忆的口令。不要选择复杂的口令策略，强制最小长度就可以了。

同样，用户对几个月就得更改口令也会感到烦恼。使用长口令同样帮助弥补口令使用期限的问题；允许用户使用他们的口令更长一些时间。此外，当用户在6个月以上使用同一个口令是，他们更愿意使用更长的口令。

其他安全方面的好处

长口令在数学上更复杂，因此也更难被破解，但对于长口令来说还有其他一些安全方面的好处。口令越长，与其他人口令雷同的可能性就越小，口令的唯一性意味着口令的强度高。如果你的口令最少12位，你排除了将近所有普通字典包含的单词、名字以及大多数口令的可能。口令越长，越不可能出现在预编的列表中。

图5.5显示了不同单词表中长度的走势。实线表示了多于200万个实际口令的长度的走势。注意，很少有口令长度超过7位数。当口令达到12位，你已经排除了大多数普通单词。最后，超过20位的口令不太可能出现在任何列表中。

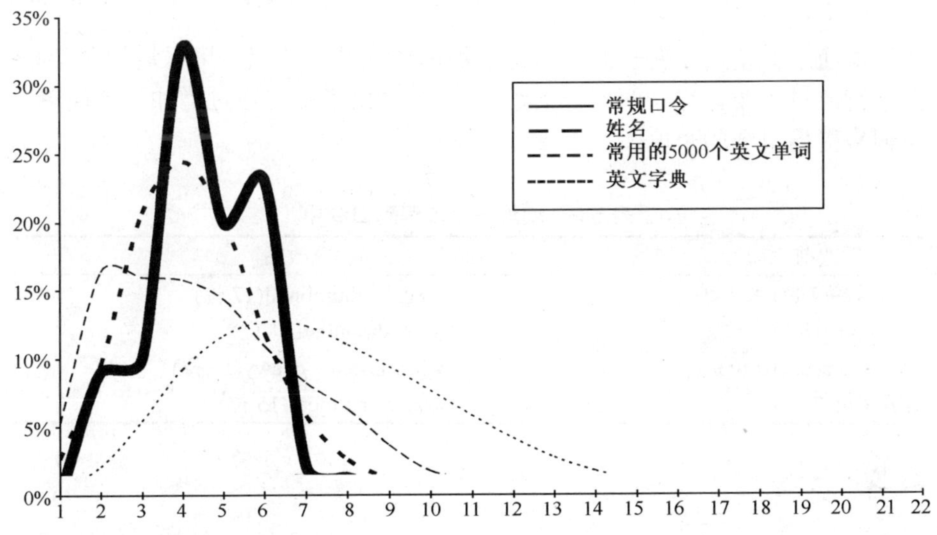

图5.5 不同长度单词的比较，很少有列表中包含长度超过12的单词

大多数破解口令的技术都是集中在容易实现的目标——尝试6~8位简单字符组成的口令。使用更长的口令使得你自动免于遭受类似攻击。比如，攻击者有时使用在第 2 章中介绍的彩虹表预估哈希值的方法，来提高口令获取的速度。然而，如今并没有公开的超过 8 个字符的彩虹表。使用长口令使你自动免于遭受彩虹表攻击。

另一个好处体现在 Windows 系统里，如果使用 15 位或者更长的口令，Windows 系统并不存储 LanMan 哈希值。LanMan 哈希值很脆弱，因为它们很容易遭受几种口令攻击（参看第 2 章更多关于 LanMan 的内容）。如果你的口令是 15 位或更长，黑客将无法获得 LanMan 哈希值。

构建长口令

我自己的口令策略是首先构建一个长口令，然后使其长度更长一些。

然而，在构建长口令的过程中，最难的部分是提出构建口令的技术，这些技术可使得你的口令更长而又不难记忆。接下来的部分讨论几个实用的技术。

增加单词

最简单的使口令变长的方法是增加单词或其他标点。可以增加 6 到 8 个字符但只需要记忆一两部分信息。表 5.2 给出了如何通过增加一个简单的单词来提高口令的长度。

表 5.2 增加一个单词到口令中

更改前	更改后
Marty29(7 位)	Marty29-thumbnail(17 位)
Shopping(8 位)	Goin' shopping(14 位)
4Chewbacca(10 位)	4Chewbacca—chewy(16 位)
Broncos(7 位)	Broncos helmet. (15 位)

封装

封装是一种技术，该技术可以通过一到多个符号将你的口令包裹起来。

这些符号可能是圆括号、引号、大括号或任何你想使用的符号。封装的方法仅仅在口令前后增加一对字符，但是请记住，你的策略是使口令变长，然后使它再长一点。封装对于继续增加口令长度是个很好的方法。

表 5.3 显示了封装方法的例子。

表 5.3　封装你的口令

更改前	更改后
Starfleet(9 位)	*Starfleet*(11 位)
Sugarless(9 位)	“sugarless”(11 位)
buyingmoretime(14 位)	buying(more)time(16 位)
jamesjames(10 位)	<<jamesjames>>(14 位)
Dawghouse(9 位)	<!—dawghouse—>(14 位)

数字模式

一般来说，增加 1～2 位数字到口令的尾部并不是一个好策略，因为这样很容易被预见。然而，增加一些有长度的、规范的数字到口令中就是一个非常好的方法，既能增加长度，又能增加口令中字符的多样性。使用这种简单的方法是没有问题的，因为口令作为整体是不可预见的。

表 5.4 展示了一些数字模式口令的例子。

表 5.4　增加数字到口令中

更改前	更改后
Dolphins(8 位)	Dolphins #919(13 位)
JudgeJudy(9 位)	JudgeJudy 4:00pm(16 位)
sphYnx(6 位)	$4.99 sphYnx(12 位)
terriers(8 位)	93033 terriers(14 位)

有趣的单词

有些单词比其他的单词拼写或者读起来都更有趣。比如 guacamole, fandango, chimichanga, zygomatic 或者 vociferous，这些单词比其他单词显得更有趣。可以利用这个优点将它们组合到你的口令中。还有其他一些单词也有其有趣的一面，比如 lollipop 这个单词由 4 个字母组成，这 4 个字母在英文键盘上是紧挨着的。

下面就是一些很有趣的单词：

Ampersand, Bamboozle, Bangkok, Barf, Bongo, Booger, Brouhaha, Buttafuco, Buttock, Canonicalization, Cantankerous, Chimichanga, Circumlocution, Conundrum, Crustacean, Dag Nabbit, Flabbergasted, Flabbergasting, Flatulate, Floccinaucinihilipilification, Gibberish, Glockenspiel, Gobbledygook, Goulash, Hasselhoff, Hobgoblin, Idiosyncratic, Jambalaya, Juxtaposition, Kumquat, Loquacious, Lumpsucker, Mesopotamia, Nugget, Obfuscate, Oligopoly, Orangutan, Oscillate, Phlegm, Platypus, Plethora, Poo Poo Platter, Rancho Cucamonga, Ridiculous, Sassafras, Shenanigans, Spatula, Specificity, Stromboli, Supercalifragilisticexpialidocious, Supercilious, Superfluous, Titicaca, Tomfoolery, Turd, Vehement, Vehicular, Yadda, Yadda, Zamboni, Zimbabwe, Zoology.

重复

如果你在构建长口令时遇到困难，可以尝试重复的办法。重复意味着你只需要记住信息中的一小块，只是多输入几次就可以了。重复模式是一种技巧，因为它们是寻常的方法，并且可以预见。比如一些口令破解程序，可以利用标准字典尝试重复每个单词 2 次，在几秒钟内尝试所有可能的口令。

但如果你的口令足够强健，重复可以使它更强健，并且你不需要记住其他信息。如果你稍微改变重复的方式并且加入不同分隔符，可以使你的口令更强。

下面是有效的重复模式的例子：

- whiteyogurt-yogurtwhite
- 21bear22bear23
- Pirate—PirateBoat
- tennis/friend/tennis
- 44-forty-four-44
- heads-shoulders-knees-toes-knees-toes
- piano..girl..piano..girl

前缀和后缀

在普通单词中加入前缀和后缀，不仅可以使你的口令更长，还可以确保你的口令独一无二，不会出现在其他任何单词表中。

有创意的前缀和后缀将非常有效：

- non-davincitized
- semi-tigerishly
- off-whitenessless
- pizzatized-sauce
- spicily-peppering

增加颜色

当你对如何增强口令感到为难时，可以尝试增加一点颜色。但要非常小心使用这种类型的口令，因为没有多少基本颜色可以选择。

不管怎样，这是一种增强口令的简单方法：

- greenish**sheeps
- alice+blue+bulldog
- Yellowing yellow roman
- Strawberry-blue-2
- Dark blue tornadoes

句子

使用通行短语长久以来都是一种很好的口令策略。使用一些简单单词组成的句子不仅使口令变长，而且可以组合一些标点和符号：

- Turn left, then turn right, ok?
- Buying 22 more bananas.
- Hiking up Mt. Maple
- It costs $3 more.

小结

如果觉得有必要让口令更强，那么就让它长一些。基准是 15 个字符或者更多。但是对于那些保护敏感信息的口令，就要考虑 30 个字符或者更多。一旦你掌握了本章介绍的这些技巧，你将发现长口令更容易记忆，也便于输入，并且更难被破解。长口令并不麻烦，它其实很有趣，即使一个小孩也可以掌握。

Chapter 6

第 6 章 口令杀手——时间

本章主要内容:

■ 口令的时效性

口令的时效性

口令是机密信息，你最好的口令应该是你保护最好的机密。然而，口令的时效以及旧的机密都是很脆弱的。事实上，你的口令是要过期的。管理你口令的系统可能会、也可能不会强制你更改过期的口令；不管怎么样，对于所有过期的事物，你都必须丢弃。

关于时间

有人说“时间就是金钱”；也有人说“光阴似箭”。有人将时间掌握在自己手里，有人将时光消磨。但是，时间和口令并不能混为一谈。时间是口令安全的一个方面，你并不能掌控；你不能长时间使用一个口令不变。

你需要定期更新口令的主要原因是破解口令需要时间，并且随着时间的推移，口令被破解的可能性增大。可能并没有人想要破解你的口令，但你必须防患于未然。我们不希望开车的时候发生交通事故，但是我们应该系上安全带以防不测。

如果一个口令足够强，需要 60 天才能破解，那么 60 天后这个口令被破解的危险性就增大了。每增加一天，危险就增大一分。口令在键盘上输入、在硬盘里保存、在内存中读取、在网络中传输，并且有时与他人共享。以上的因素随着时间的推移都可能降低你的口令的安全性，唯一安全的办法就是重新设置一个新的口令。

旧口令还有其他风险。人们通常依赖一个口令，将它们在多台机器上使用。在多台机器上使用旧口令是危险的。定期修改口令是一个好的习惯。

强制策略

最麻烦的口令策略可能就是针对口令老化的策略。每个人都讨厌“口令到期”信息的弹出，特别是当遇到重要事情的截止日期或心烦意乱的时候。而且，所有的警告信息并不能起到帮助的作用。

计算机系统实施的口令策略有一个主要的目标：防止用户粗心大意地使用口令。然而，用户总是绕过这些策略，所以管理员就设计其他策略防止用户绕过那些基本的策略。

理解策略背后的逻辑关系有助于帮助理解制定这些策略的必要性。而且，如果你是制定策略的管理员，可能你会调整一下策略，使用户使用起来更方便。

口令过期

前面已经提到，口令过期的原因是基于这样一个假设：有人试图获得你的口令。这种情况可能有，也可能没有，但是事实上有很多人试图得到口令，而你当然不希望有人得到自己的口令。

口令过期是因为它们不可能 100%地被保护。黑客有很多工具收集口令和口令哈希值。你可能就是这一次被攻击的目标，或者是下一次攻击中的无辜受害者。在公司中，可能有些人想成为黑客，他们在自己同事那里测试他们的技术，系统管理员可能运行一些与黑客用来探测系统口令强度相同的工具。你的系统可能被植入蠕虫或者记录键盘的病毒。有很多种方式可能会危害到你的口令。

真正能抗击这些危害的方法是赶在黑客前面更改口令。如果有人已经获得你的口令，你可以通过修改口令，排除可能带来的危险。

在多长时间内需要修改一次口令呢？这取决于口令的强度、口令保护信息的重要性，以及存储该口令的系统的受保护程度。我们都拥有一些口令，这些口令保护着重要的敏感信息，一些与在线购物账户相关。一些重要账户的损坏可能是灾难性的，而其他一些账户口令的丢失可能并不产生影响。如果你想保护一个账户，使用长口令并定期更改。有些账户的口令可以一年不更改，但其他账户需要每三个月更改一次。

大多数管理员要求用户每 60 天到 120 天更改一次口令，主要是因为大多数人的口令很弱。实践证明，即使是 60 天更改一次口令，也不能有效地保护一个弱口令，所以这个策略并不像想象中那样有效。大多数弱口令在 24 小时内就能被破解；因此，60 天更改口令起不了多少保护作用。从个人的角度，我宁愿使用一个强口令，那么不用定期 120 天到 180 天就需要更改它。任何口令，不管它有多强，总会有过期的那一天，但是一个强口令比弱口令要持续更长时间。

口令时效性是一个很机智的策略，但首要原则还应该是构建强口令。

口令历史文档

口令时效性是一个重要的策略，但是一旦管理员开始实施这个策略，用户总会找方法去绕过这个策略。他们会交替使用两个口令，每当需要更改口令时候就从这两个中进行切换。用户的另外一个应对手段是更改口令后，转头就将它改回来。

这显然违背了修改口令的初衷。为了防止这些情况，管理员采取了一个口令历史文档的机制来阻止重复使用同样的口令。口令历史文档是记录系统中以前使用过的口令的一张表，这张表可以防止用户使用以前曾经使用过的口令。在这样的机制下，一些系统记录着用户最近使用的几个口令，有些系统跟踪 20 个以上的口令。

最短存留期

也许有人认为上面的方法就是这类问题的解决方案。但过不了多久，用户就可以找到新的应对的手段：他们所需要做的就是足够多次数地修改口令，然后他们就可以刷新列表，并且重新使用他们的原始口令。所以他们并不是设置更好的口令，而是通过更改几次口令，刷新列表来重新获得原来的口令。针对这种情况，管理员不是指导用户如何创建强口令，而是计算最小口令存留期。换句话说，在更改口令后，你必须等待一段时间后才能再次更改它。

管理员赢了吗？

到此为止，按照以上的方法，用户必须定期更改口令，不能重新使用，并且不能刷新口令历史文档。那么口令就更强了吗？不，由于这些策略的限制，可能导致用户每次更改口令时都将口令记录下来，并且使用一些可以预见的模式，比如在口令后增加两位数字。如果是这样，他们的口令将更不安全。

我们需要回过头来想想原来的问题，即用户没有好的口令怎么办？如果我们都有好的口令，口令时效性的策略就不那么重要了。如果只需要一年更改一次或两次口令，那样不更好吗？

Chapter 7

第7章 便捷的口令

本章主要内容：

- 记住口令
- 输入口令
- 管理口令
- 机密问题

引言

我们要面对的现实是：口令是永远不会消失的。因为无论认证技术多么发达，你总是要依赖于一个只有你自己知道的秘密。与此同时，口令破解的方法也会发展，计算机的处理能力会变得更强。你不可能长时间地只使用诸如 cupcake55 或 beachbum 这样的口令。你需要学会创建强口令的方法，这样才能与口令和谐相处。所谓“和谐相处”，我指的是口令容易记忆和输入。

记住口令

在我的小儿子五岁时，他登录电脑需要使用 15 个字符的口令。他只能这样做，因为我定的策略就是这样的，甚至在我的家庭网络中也是这样。当然，对于家庭网络，这样做也许太复杂了。但我是一个安全顾问，因此我的工作就是要用最佳的安全方案，即使是在家里。我并不担心任何人攻击我儿子的口令。如果每个人都遵循我的安全策略，就能够做到这一点。虽然我的家人并不喜欢这些策略，但是他们都遵循它。

我儿子五岁的时候就能记住他的口令，并且输入电脑的时候没有任何困难。他的口令是什么呢？那就是 15 个字母 O。他一开始就喜欢字符 O，他也能数到 15，这就是他的口令。问题的关键是他使用的这个口令正好符合我的策略需求，并且他能够记住。使得口令能够容易记住的方法是：我们可以创建一个基于自己经验的口令。口令能够与跟我们有关的一些事情相关联。

心理学家、科学家、教育工作者以及其他人员发明了很多方法，这些方法能够增强我们记忆口令的能力。我们对这些方法也都有所了解，例如记忆法、联想记忆。所有这些方法都是依据这样的假设：我们需要记住的信息是不能有所选择的。而记口令的好处就是你可以选择记哪个口令。因此，你的注意力不在于如何记住你选择的口令，而在于选择一个你能记住的口令。

几年前，我编写了一个程序，叫做 Pafwert，该程序能够随机的产生强口令，并且这些口令很容易被记住。它最大的挑战就是如何找出哪种类型的口令是人们最难以忘记的。我根据众所周知的记忆技术加上自己的许多想法来做，但是事实证明这并不是最有效的方法。

人类大脑的不同部位分管不同的任务。当我们记忆一些事情的时候，我们使用大脑不同的部位。例如，记住某些人的面部特征，属于视觉记忆，可能是由大脑的某一部分负责的；而驾驶车辆，属于过程记忆，是由一个完全不同的管理方式处理的。被记住的信息可能包括图片、颜色、形状、声音、气味、味道、触觉、位置、情感、含义、知识、内容、时间以及语言元素等。口令中有些字符对我们有意义，这些字母或字符可能组成一定形式。当我们在脑海中默读口令中的一些字符时，字符是有一定旋律的，而输入口令则是一个肌肉运动知觉过程。

我发现最难以忘记的口令是那些利用大脑不同部位记忆，利用各种方式记住的口令。这种组合技术使得口令更有意义，因此人们很容易记住。

我们发现这种情况总能够在歌曲中发生。在脑海里我们只记住了歌曲中的部分歌词，而没有记住其他的部分（在这种情况下，我们用自己的语言或其他模糊词语来代替实际的词语）。为什么歌曲的一部分在脑海里记忆犹新，而其他部分不能？此外，为什么停留在脑海中的大多数都是忧伤的歌曲？这实际上已经向给了我们提示，即忧伤的歌曲使我们产生共鸣，因此更容易记住。

接下来的这一节，我们将讨论一些影响我们记住口令的因素。

押韵

你知道哥伦布航海是哪一年吗？假如你知道答案，很可能是因为押韵的原因。押韵是一个非常有效的因素，使你很容易的记住口令。我们的大脑记住儿歌的方式似乎就是这种，我们无需刻意的记忆就记住了。全部的词语在我们的大脑中变成了独立的信息段，有时就像是个充满诗意的美妙音色。

为显示押韵的差异性，我们考虑这样一个英语儿歌：I before E except after C。这是一个简单的儿歌，讲英语的孩子在很小的时候就开始学习。儿歌使得这个规则如此的简单。假如把它改写为：I before R except after H，它就不押韵，也就不会成为儿歌。

下面是些利用儿歌作为口令的例子：

- Poor-white-dog-bite
- Icecream2extreme
- Teary/weary chicken theory
- Thick, thick Rick

重复

就像押韵一样，重复并且有节奏地将口令反射到大脑中区，我们就能很容易的记住口令。当被正确的使用时，重复口令就变得有节拍、有韵律，因此使得它们非常容易记住。更重要的是，重复意味着你的口令比较长，并且不需要更多的记忆。记着重复的时候要与声音、含义、及口令的其他方面联系在一起。

下面是一些重复的例子：

- Chicky-chicky running
- 2bitter@2bitter.com
- C:\files\myfiles\newfiles\
- Purple, purple pineapple

形象化

对于记住口令，形象化是非常有趣的辅助方式。在很多场合，我们都在不同程度地使用形象记忆。对于口令而言，只要我们在头脑中想象，就能容易地记住它。当然，这并不只是一幅图片；这可能是一个长期的或视觉识别的过程。所涉及到的感观越多，我们越容易记住。这里有些例子：

- Jabba the Hut doing the Cha-Cha
- Paquito sat on the apple!
- Frozen banana in my shoe
- Bun-mustard-hot dog-pickles
- Popping packing poppers

联想

有的时候，我们的大脑可以从一种想法跳跃到另一种想法，这个过程是很神奇的。每种想法都由以前的想法触发联想到的。有时，我们走神几分钟，可以从馅饼跳到曾经弄错了 1999 年纳税申报单。我们的大脑经常建立起复杂、荒谬的联想来触发我们的记忆。有趣的是这些联想不存在任何的关联关系。例如，我们可以通过在自己手指上绑一段绳子，来联想到我们与牙医有一个预约。此时，我们通过绳子，进行联想，记起了我们的预约（图 7.1）。

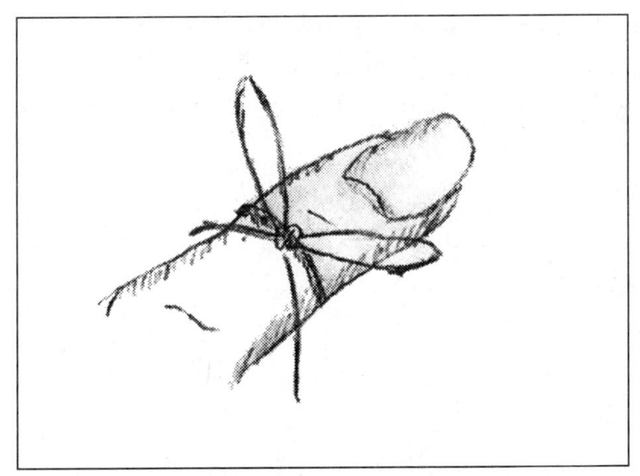

图 7.1 通过在手指上绑绳子作为提醒

几年前，我出差买了一个笔记本电脑。那天晚上我在旅馆里安装 Windows 系统，并且设置了一个很强的超级管理员口令。然后我又建立了一个账户满足我日常工作。一年后我又出差，巧的是我又去了那个城市，又住进了相同的旅馆。这次，我在进入电脑系统时遇到了问题，需要用超级管理员账号修复。

我马上意识到，我当时设置的口令已经一年多没使用过了，我已经忘记了。我当时并没有留下口令的任何记录，这可是一个棘手的问题。我开始在屋子冥思苦想可能的解决方法。我看着那些家具，看着桌子上的咖啡壶，盯着窗帘。突然，我记起了我一年没用过的那个口令。

我是如何记起来的呢？我坐在那个以前我曾经住过的旅馆里，注视着那些家具、咖啡壶、窗帘。这些都与我一年前设置口令时的环境是一样的。回到以前的那个环境中，足以让我联想到那些长度很长、已经忘记的口令。

显然，和口令有关的联想对你有很大的帮助，但是这个故事显示了思维联想的强大。

幽默和反语

假如你属于没有笑话可讲的那类人的话，那么，这个技术很可能不适合你。尽管如此，我们也应该记住这些对我们有意义的事情。趣味记忆是非常显著的。幽默或反语可以帮助你记住这些口令：

- Was Jimi Hendrix's modem a purple Hayes?
- Gone crazy…be back in 5 minutes.
- Your password is unique—like everyone else's we put the "K" in "Kwality."
- Had a handle on security… but it broke.
- A dyslexic man walks into a bra...
- A fish with no eyes is a f sh.
- My reality check just bounced.

信息段

信息段作为一项帮助人们记忆的技术已经应用了很长时间，例如应用在记忆电话号码上。一个简单的事实就是记住两段或三段小的信息比记忆一段较长的信息要容易的多。研究表明，人类可以同时记住5～9个条目。因此，我们可以把信息分割成小块，通过记忆这些小块来记忆整个信息。

下面是一些将你的口令分段记忆的例子：

- Xzr--FFF--8888
- GgggH123-->software
- C51..D45..R22
- Explor+ation+vaca+tion

夸张

夸张是一个比较有趣的技巧，有时候可以通过使用该技巧帮助我们牢记口令。夸张能够扩展视觉图像所表示物理或逻辑上的限制。这里有些例子：

- 43 o'clock
- December 322, 2005
- I Kicked the back of my neck

冒犯

冒犯性的词语肯定是受人注目的。假如你把它应用到口令中去，它会在你大脑中成为一个亮点。冒犯性的话包括誓言、分量重的话、粗话、种族和宗教的侮辱、粗野的行为、轻蔑的话语、侮辱、喋喋不休的脏话等。假如这些语言冒犯了你，或者冒犯其他人的话，你反而会记住他们。下面是几个例子（注意：一些可能会冒犯你，作者提前表示歉意）：

- brutus@wrinkly-penis.gov
- OK well, just use your imagination…

抱怨

最后，如果一些事情真的能让你苦恼，请用如下口令：

- It says 10 items or fewer!
- Why is it so hard for you to merge?
- Honk if you ARE Jesus
- Justfindanotherparkingspottheyaren'tgoingtopulloutyoulasyslob

其他记忆方法

尽管有了这么多技巧，记住一个复杂的口令仍然不容易，需要下一番功夫。不要在匆忙之中或受干扰的环境下去记忆口令。不要在周末或假期前设置一个口令。在记忆口令时，全身放松并且思考几分钟你的口令，然后把它记住。尽量让自己学会记忆的方法，或按照一定的步骤去记住口令。

输入口令

当你设置了一个口令后，你应当考虑如何输入这个口令。在你设置口令前，试着在键盘上输入一下。一些口令输入十分困难，而有一些则容易输入错误。假如你用键盘输入口令时不是很流畅，就应该选择另外的字符。在输入时，如果由于字符类型变换，需要手的明显移动，从而导致口令输入缓慢，此时就要引起注意，比如按下 shift 键或输入标点符号，或把你的手移动到小键盘输入一个较长顺序的数字。

另外需要考虑的是输入口令时的声音。当你听到两次一样的敲击键盘的声音后，你可以轻易地判断某个人的口令和用户名是一样的。一些关键字（如空格）输入时的声音比较特别。经过训练后，有时候你能听出键盘的顺序，比如输入 QWERTY 就会有不同的声音。对于大多数人来说，输入口令的声音明显不是一个巨大的风险，但它肯定是一个值得思考的问题。

注 释

研究者最近在美国加州大学伯克利分校展示，利用廉价的麦克风和一些大众软件可以猜测出你刚刚输入的口令。研究者经过分析敲击键盘的声音，结合他们的英语知识，就能够以高达 90%的正确率获得口令信息。

键盘记录

口令最大的安全风险或许来自键盘记录。键盘记录是软件或硬件的一部分，它能捕捉到用户敲击键盘的信息。这里的问题就是，无论你的口令有多么强大，此时，键盘记录将保留你的全部信息。很长一段时间，执法部门和其他政府部门利用键盘记录的功能来实施窃听。但是，这种方法普及得很快，攻击者也会使用。同时，在一些病毒和蠕虫中也具有该功能，能够侵入到键盘记录中寻找口令和私人账号。

抵抗键盘记录的技术最近有所进展，并且在很多数字产品中得到应用。在这些应用中，不仅仅能够寻找键盘记录的痕迹，而且能够监视所有的键盘记录行为。

还有一种更难于发现的威胁，就是基于硬件的键盘记录。这个设备插件处于你的电脑和键盘中间。这些设备一旦安装完毕很难检测到。在这种情况下，必须有人能够实际接触到您的电脑，并安装该设备。一些敏感的系统（如政府、军队的电脑），物理安全是对付键盘记录最好的防御办法。

大多数人很可能不会遭遇硬件键盘记录这样的攻击。但是，假如你真的发现了你自己受到了这样的攻击，那么很可能已经有人已经破解了你的口令。

管理口令

尽管我已经深深地感觉到记住口令的重要性，但只靠记忆不是一个好的办法，尤其是对那些并不经常使用的账号。你应当记住你的口令，但是更应当小心保存你使用过的那些口令。例如，这里有许多你记住的口令，并且我也记录了许多。我们会经常地提醒自己，不要将这些口令写出来，尤其是不要写在便签纸上，而且又把它贴在显示器上（图 7.2）。你不要自作聪明，把它们放在键盘、手机、纸巾盒或书桌下。

图 7.2　不要将口令贴在显示器上

隐匿

把您的口令写在记事本上是一个糟糕的想法，但把它记录在一个安全的地方是一个好主意。二者的差别在于隐匿。通过隐匿获得的安全是一种弱安全。隐匿是通过掩藏一些事物作为你唯一的预防手段。而真正的安全是经过时间检验的安全，可以确保某些事物是安全的。

这里有一个很好的例子：人们如何隐藏他们的房间备用钥匙，以便在一些特殊情况发生时，他们依然能够进入房间。正如众所周知的一样，许多人会把备用钥匙放在他们门前的擦鞋垫下。把钥匙放在附近的盆栽下也不会好到哪去。一旦有人发现你藏钥匙的地方，就没有任何安全可言了。所以通过隐匿获得的安全一般被认为是一种弱形式的安全。

与此相反的是，一个房地产商可能会把房子的钥匙放置在附属于你的门把手的锁箱里。任何人只要有锁箱的暗码就可以得到钥匙打开房门。这使得房地产经纪人在展示房子时不会复制钥匙，也不会随便把钥匙给别人。这个锁箱的暗码是一个可信赖安全的例子。

提 示

通过隐匿的安全方法是一种弱安全。但是隐匿作为合理的辅助安全手段是有行的。在锁箱的例子中，这意味着把钥匙保存在一个锁箱中，然后再把锁箱藏起来。要想得到钥匙，他必须先把锁箱找到，但是仅仅找到锁箱是没用的，这个人还必须要知道锁箱的暗码。

口令管理软件就像一个锁箱。这些应用软件可以通过主口令加密并把他们安全的存储起来。你可以记住你所有的口令，但是你要想恢复这些信息只需记住口令。当然，你必须记住主口令，因为它应该是你的最强的一个口令。你可以通过一个最强的口令保护你所有的口令。

如果你仔细想想就会发现，口令就是一种形式的隐匿。一个口令就是一个秘密，一旦有人发现这个秘密，所有的安全性就被破坏了。口令与放置房子钥匙的地点的区别是，口令是不易被发现的，是保密性特别强的秘密。相对于在亿万的口令中搜寻一个口令，在房子附近搜寻一把钥匙相对还是比较简单的。一个很强的口令允许很多可能的组合，被认为是强有力的安全保障。所以账号口令管理不仅仅是隐匿层次上的安全。

如果不是针对十分特殊的需求，许多账号口令管理软件都是很方便得到。如果你浏览软件网站，例如 www.tucows.com/downloads/Windows/Security/GeneralSecurity/PasswordManagers/，你可以通过检索这些软件功能的目录，找到一个最能满足你需求的软件。你要相信，使用这个软件能给你带来方便，否则就不要用它。

有选择地去运用这些工具，在一些情况下能起到更好的作用。我个人更喜欢 Excel 电子表格。如果你也用 Excel 的话，要记得用一个口令保护它。你可以在保存文档的时候这样做（如图 7.3 所示）。

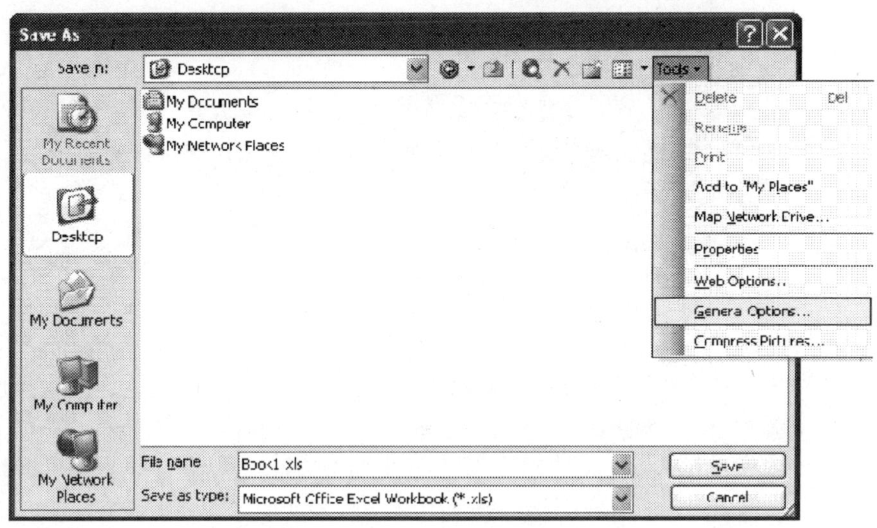

图 7.3　给 Excel 文件加口令保护

上图中，设置一个口令打开和点击“高级”按钮，将会出现更多的加密选项（如图 7.4 所示）。

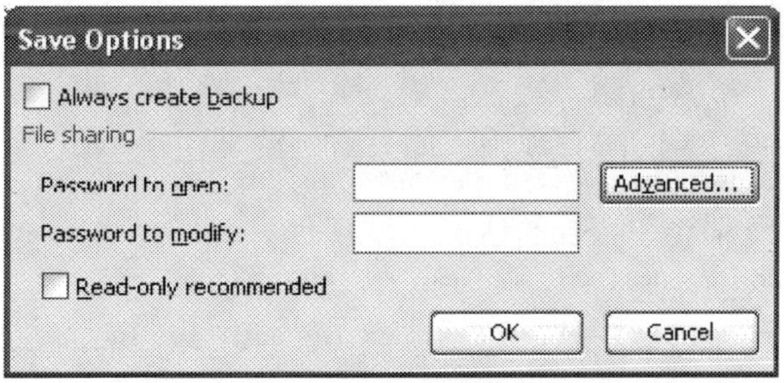

图 7.4　加密选项

不要用“Weak Encryption (XOR)”或“Office 97/2000-Compatible”实现加密，因为他们只能提供有限的保护，并且在短短几分钟甚至更少的时间里就会被破译。它们有些类似于人们用在行李箱上的小锁。选择 Microsoft

Strong Cryptographic Provider，最大允许长度为 128 位（如图 7.5 所示）。

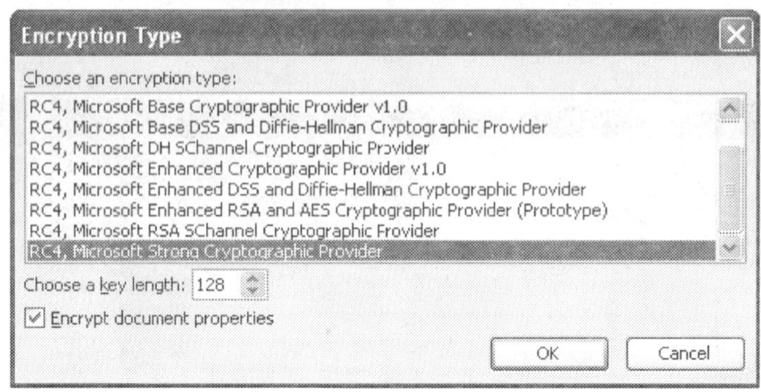

图 7.5　加密类型

除保护文件的口令以外，它也将帮助给出一个隐匿的名字。至少不应该将它命名为 passwords.xls。你还应该把文件存放在相对安全的地点，或者存放在一个便携的 USB 驱动器里以便随身携带。

机密问题

在丢失口令的情况下，要帮助用户核实身份，在许多应用中，需要使用机密问题。通过回答一个被预先选定的问题，用户能证明一些个人信息，从而可以证明账户的归属。比如你电脑的型号或母亲的姓名等。

要破解一个机密问题，攻击者必须知道关于用户的某些事情，但是机密问题违反了强口令的所有规则，而且有一些突出的弱点：

- 攻击者经常会在巧合的情况下发现信息。
- 对问题的回答通常是一些永久不会改变的事实。
- 用户经常在多种网站的口令认证中，使用相同的问题与答案。
- 一些熟悉用户情况的人可能知道很多问题的答案。
- 人们很少改变他们的机密问题。
- 这些问题的答案通常对大小写不敏感，而且经常包含有限的字符集。
- 有些问题的答案数量有限。
- 有些问题许多人有相同的答案。

这些机密问题一般是只有账户的主人知道的一些事实，而且理应永远不会忘记。许多网站假定一个用户如果可以提供问题的答案，就足以证明其用户的身份。然而，许多机密问题都是其他人只需做一点研究就能发现的事实。更糟糕的是，如果有人发现这些信息，而这些信息又是已经过去的事实，你已经不能改变。

由于这些缺点，我们要认识到，机密问题的提问与解答的方式并不是一种强认证手段，其应用的范围只是利用他们通过电子邮件或其他方法去开始变动口令的请求。这样可以防止对口令重新设置过程的匿名攻击。只提供机密问题的答案还不足以证明一个用户是合法的。但是，如果将这种方式与其他因素结合，例如，可以进入用户的电子邮箱账户，那么这些问题就可以有效地帮助识别用户。如果你遇见一个网站或某些应用程序，让你只通过一个机密问题就可以登录账户，那么就请你帮忙给他们发一封电子邮件并说明这样做的风险。

我也看到了不计其数的网站在投入大量精力去避免一个容易猜测的口令的同时，又把狗的名字或用户的出生地作为机密问题的答案。一些机密问题太容易被猜测出来，把它们作为一种安全形式让人感觉很荒谬。

即使攻击者对目标用户一无所知，机密问题的性质也会把问题的答案限制在一定的范围内。例如，表 7.1 所示的问题及答案范围。正如所看到的一样，一些机密问题只有几个可能的答案，如果用穷举法破解这些问题是完全可行的。更糟糕的是，一些网站不能发现和防止用穷举法破解机密问题。多年来，安全专家一直劝告人们不要用宠物的名字、家族的名字或日期作为口令。然而，机密问题却直接违背了这些忠告。

表 7.1　口令提示问题和对应的答案范围

问题	可能的答案
您最喜欢的宠物叫什么名字？	最常见的20个狗的名字是Max, Buddy, Molly, Bailey, Maggie, Lucy, Jake, Rocky, Sadie, Lucky, Daisy, Jack, Sam, Shadow, Bear, Buster, Lady, Ginger, Abby 和 Tob
您出生在哪个城市？	美国最大的 10 个城市是 New York, Los Angeles, Chicago, Houston, Philadelphia, Phoenix, San Diego, Dallas, San Antonio 和 Detroit；美国有 1/3 的公民生活在 250 座城市中，美国最常见的 10 个城市的名字是 Fairview, Midway, Oak Grove, Franklin, Riverside, Centerville, Mount Pleasant, Georgetown, Salem 和 Greenwood

续表

问题	可能的答案
您在哪所高中就读？	美国大约有 25 000～30 000 所高中，您可以登录 classmates.com 获得美国各个州和城市的学校名称
您最喜爱的电影是哪部？	登录www.imdb.com/top_250_films，可以搜到最热门 250 部电影
您母亲姓什么？	美国大约有 25 000 个常见姓氏，但每 10 个美国人中就有一个是下列姓氏的：Smith, Johnson, Williams, Jones, Brown, Davis, Miller, Wilson, Moore, Taylor, Anderson, Thomas, Jackson, White, Harris, Martin, Thompson, Garcia, Martinez, Robinson, Clark, Rodriguez, Lewis, Lee, Walker, Hall, Allen 或 Young
您在什么街道长大？	最常见的 10 个街道名称是 Second/2nd, Third/3rd, First/1st, Fourth/4th, Park, Fifth/5th, Main, Sixth/6th, Oak, Seventh/7th, Pine, Maple, Cedar, Eighth/8th 和 Elm
您的第一辆车子是什么品牌？	最常见的汽车制造商：Acura, Audi, BMW, Buick, Cadillac, Chevrolet, Chrysler, Daewoo, Dodge, Ford, GMC, Honda, Hummer, Hyundai, Infiniti, Isuzu, Jaguar, Jeep, Kia, Land Rover, Lexus, Lincoln, Mazda, Mercedes-Benz, Mercury, Mitsubishi, Nissan, Oldsmobile, Plymouth, Pontiac, Porsche, Saab, Saturn, Subaru, Suzuki, Toyota, Volkswagen 和 Volvo
您结婚多久了？	婚姻的平均长度是 7.2 年，意味着有 2628 个可能的日期
您最喜欢的颜色是什么？	即使把灰褐色等一些平时很少用到的颜色都考虑进去，才大约有 1000 种常见的颜色

口令提示问题最大的威胁是这些问题的答案通常是固定的，攻击者有时可以通过做一些调研来破解这一信息。由于口令提示问题的答案都会局限在一个范围内，当受到蛮力攻击时，口令提示问题的这种安全机制也是非常脆弱的。对于那些和用户比较亲近的人（如用户的前妻、曾经密切的商业合作伙伴或是顽皮的孩子），若他们想破解口令更是易如反掌，他们可能有足够的信息和充分的机会去破解用户的口令。对于这些了解你的人，如果他们想破解你的口令，你会处于防不胜防的状态。

当您在设定了一个口令问题和对应的答案时，要谨慎选择一个安全性强的问题，这个问题可以有许多可能的答案。添加一个小的秘密代码也是很有用的，如可以设置 3 个包含数字和字母的代码（如附录 B 所示）。针对所有的口令提示问题，你都可以把它添加进去。也许这种方法不能彻底的保护你的口令，但它可以帮助你免受特定类型的攻击。

在有些情况下，你可以设定自己的口令提示问题。如果是这种情况，要留意那些人们经常会犯的错误。我经常看到一些口令提示问题，没有提供丝毫的安全性也没有任何意义。以下是一些不好的口令提示问题的例子：

- 你是哪一年出生的？
- 你的口令是什么？
- 佐治亚州的首府是哪？

在选择良好的口令提示问题时，应该仔细考虑各种可能的答案， 以及可能的普遍应用的答案。使用独特的问题，并尽量避免问题产生短的、一个字的答案。也尽量避免那些大家都会普遍使用的问题，如母亲的姓、宠物的名字或就读的高中等。但请记住，针对你问的问题，用户每次给出的答案都应是相同的。

下面是一些较好的口令提示问题的例子：

- 你的第一个男朋友或女朋友叫什么？
- 童年时代的电话号码哪一个你记得的最清楚？
- 小时候，你最喜欢去的地方是哪里？
- 16 岁时，你最喜爱的演员、音乐家或艺术家是谁？

小结

如果你在设置口令的时候清楚地知道你会记得它，这样会很容易记住口令。我们的大脑不擅长处理随机的、没有联系的信息，但是如果我们使用一些小技巧（如旋律和联想信息），这样设置的口令很快就能记住。

Chapter 8

第 8 章 构建强口令

本章主要内容：

- 构建强口令

引言

有时候，提出一个好的口令是很困难的。选择口令的时候，很多人都会有某种思维上的局限，很难有所突破和创新。一想到口令，脑中浮现的就是狗的名字、一个足球队或一个常见的东西。多数情况下，人们只是用他们喜欢的口令，并且一直使用。

构建强口令

对强口令来说，其秘诀是：不是在现有的东西中去选择一个口令，而是去构建一个口令。不要把思维仅仅局限于某些词，并使用它作为你的口令。应该使用一些特定的技巧去构建一个复杂的口令。这样构建出来的口令不仅是有效的，且容易记住。以下是一些我最喜欢的建立强口令的提示，可以在有需要并且没有构建思路的时候使用它们。

警 告

本来，我不想说这些，但我不得不说。我必须要说的是：请不要使用任何你在这本书中看到的口令的例子，或将这些口令用在任何地方，作为你的口令。他们只是例子。事实上，你最好不要完全照搬这些方法，而是创造性的使用这些方法，活学活用，作为自己构建口令的技巧。

三个词

一个提升你口令强度的简单的技巧是使用一个以上的单词。有些人会将这样的词组称之为通行短语（pass phrase），但这一特殊技术是有点不同。不同的是，你所选择的三个或更多的单词，这些单词不一定是语法有关。但是，它们有一些相同之处。

这个技巧围绕选择三个具有某种相关程度的词，且是容易记住的词，但是，即使其他人知道其中的一个词，他们也不能轻易地猜到其他词。

例如，你可以选择三个同义词、三个同音词、三个反义词、三个压韵的词或三个具有相同前缀的词。这里关键的是，应该提供足够的随机性，这样可以使得你的口令是无法预测的。设想，选择一些数字、大写、标点符号或其他改变形式，这样会使你的口令更加强大。

以下是一些例子：

- 33 free trees
- Walking, talking, keyring
- Little-ladle-lady
- ChalkingChangeRange

我们的脑海中记着或多或少的信息。这些信息的模式可让你轻松地创建由 20 个或更多字符组成的口令。尽管如此，你的大脑所要做的就是记住这三个你选择的词的一点点信息。

这项技巧的关键，是让每个词中的一个普通元素来帮助你记住这个口令，并协助你想到唯一的这些词，而不是其他的一些事情，无论你处在什么环境下，都是如此。通过迫使你选择一些彼此间以不同的方式相关联的词，这样做可以使你更富有创造性。有许多连接的词的方法，这样能够超越单独的词的含意。

你知道吗?

你可能听说过同义词（synonyms）和反义词（antonyms），但你听说过一个 oronym 吗？下面列出了各种 nym 词和他们的含义：

- **Ambigram**　一个字或词，可以采用一个以上的方向读取，如旋转或反射（SWIMS, MOM）。
- **Anagram**　来自一个单词的字母可以重新排列形成另外一个单词（如 act 与 cat）。
- **Ananym**（倒名）　把名字反过来写得到一个化名（如 James 与 Semaj）。
- **Antagonym**　一个有着矛盾含义的词（如 dust，即有灰尘的意思，又有掸掉…上的灰尘的含义）。
- **Antonym**（反义词）　两个词具有相反，或接近相反的含义（up 与 down）。

- **Autoantonym** 与 antagonym 含义相同。
- **Autonym**（本名） 一个描述该词自身的单词（misspeledl 就是 mis-spelled；noun 就是 noun，名词是一个名词）。
- **Capitonym** 一个单词改变大小写时意思也发生改变（Polish 与 polish）。
- **Contranym, Contronym** 同 antagonym。
- **Exonym**（外来名称） 一个地方名称，外国人使用的时候与当地人的使用不同（Spain 与 Espana）。
- **Heteronym**（同拼法异音异义的字） 有同样的拼写但是有不同的含义或发音（如：produce, read, convert）。
- **Homographs**（同形异义字） 同 heteronym。
- **Homonym**（同音异义字） 有相同的发音或拼写，但有不同意思的单词（如 reign 和 rain）。
- **Homophone**（同音字） 发相同但拼写不一样（如 flu 与 flew）。
- **Hypernym** 在隶属关系上，一个词是另外一个词的上一级类型【鸟（bird）是知更鸟（robin）的超类；动物（animal）是鸟（bird）的超类】。
- **Hyponym** 在隶属关系上，一个词是另一个词的特定类型[知更鸟(robin)是特定的鸟(bird)；猫(cat)是特定的动物(animal)]。
- **Oronym** 与同音字（homophone）相似，但是它由一系列的词构成（如 ice cream 与 I scream；kiss the sky 与 kiss this guy）。
- **Pseudoantonym**（伪反义词） 一个词看起来和它的实际意义相反（如 infammable, unloose）。
- **Synonyms**（同义字） 两个词有同样或相近的意思（如 build 和 assemble）。

E-Mail 地址

有时，当别人看到我输入如此长的口令的时候，他们通常是很惊讶，并想知道我是怎样记住这些长口令的。这很简单：我们生活在社会中，这已经培训了我们的大脑能够方便地了解某些模式。此时，我只是通过构建口令来模仿这些模式。这种方法总是可以产生非常好的口令。其中一个是我最喜欢的，这个口令是基于一个虚假的电子邮件地址得来的。它是我的最爱，因为它含有非常多的秘密元素。

其工作原理如下：第一，想出任何东西的一个名字，这个名字可以是伪造的，也可以是真实的。然后，再想一个与之相关的象征性的、有意义的、有趣的或具有讽刺意味的短语。最后，将它们放在一起，增加一个 dot-com（或其他扩展名），这样你有了一个 e-mail 地址口令。如下是我的一个演示：

挑选一个名字：	Dr. Seuss
选择一个相关的短语：	Green Eggs
结果：	Dr.Seuss@greeneggs.com
挑选一个名字：	Kermit
选择一个相关的短语：	The Muppets
结果：	Kermit@themuppets.org
挑选一个名字：	Rover
选择一个相关的短语：	Hates cats
结果：	rover22@rover-hates-cats.net

这些口令是有效的，因为我们添加了一些符号，并且在不增加记忆难度的情况下，很容易地增加了口令的长度。这种模式特别灵活，并且这一类的组合是无穷尽的。

以下是一些例子，说明这种模式的变化：

- Cat-Lover2005@aol.com
- Your-mama@uglystick.com
- yoda@strong-this-password-is.net
- Ben@dover.org
- e-mailme@home
- me@com.net.org.com

网址

与 e-mail 地址形式的口令相类似的是以网址形式出现的口令。我们正在不断地浏览各种网址，那么为什么不利用它们作为口令呢？为什么不用这种模式来模拟出你的口令呢？下面是一些例子：

- www.sendallyourmoney.irs.gov
- www.someone_smells.net
- ftp.droppedout.edu
- www.go.ahead.and.try.to.crack.this.password.com

提 示

没有理由只是使用扩展域名，甚至只是有效的扩展域名。我们可以使用诸如 com.net.com、.edu.sux、gov.waste 等各种各样的域名形式。就如在第 3 章所解释的那样，你越是偏离了标准，你越是有更多的机会去增加口令的不可预测性。

头衔

有时候，你需要建立一个口令，但却被卡住了。无论你怎样尝试，该系统似乎总是拒绝，也就是说，你的口令不符合复杂性要求。下面是一个简单的模式，它产生的口令应该可以满足最严格的口令系统的要求。下面解释它是如何工作的：

首先，想一个头衔的前缀（Prex）。

可以从下面的列表可供选择：Admiral, Baron, Brother, Capt., Captain, Chief, Colonel, Commander, Congressman, Count, Countess, Dame, Deacon, Deaconess, Doc, Doctor, Dr, Dr., Farmer, Father, Gen., General, Governor, Judge, Justice, King, Lady, Lieutenant, Lord, Madam, Madame, Mademoiselle, Major, Master, Mayor, Miss, Mister,Monsieur, Monsignor,Mother,Mr.,Mrs., Ms., Officer, President, Prince, Princess, Private, Prof., Professor, Queen, Rabbi, Rev., Reverend, Sergeant, Seaman, Secretary, Senator, Sheikh, Sir, or Sister。

接下来，想一个名字，男名、女名或姓氏都可以。

然后，再想到一个形容词，如愉快的、红色的、湿的等。

最后，加一个逗号，然后序号，如第一、第二、第三等。

当你把这些要素集中起来，你应该得到了类似的口令：

- President Pink, the 2nd
- Dr. Hurt, the 3rd

- Professor Pencil, the 1st
- 1st Lieutenant Lucky

这个口令的模式的强度在于它产生长的口令，并保证你使用英文大写字母、数字和通常标点式的符号。确认你没有使用自己的名字，并应满足的任何系统的复杂性要求。如果系统仍拒绝你的口令，可以试着去掉空格。

根据我以往的经验，系统拒绝我口令的唯一原因是因为的口令太长！

数字押韵

这种模式是我的另一个最爱，但你必须小心使用和创造性地使用，因为这种方法在某些方面有一些限制，产生唯一的口令的数量有限。

该模式很简单：挑选一个号码，最好是两个以上的数字，然后添加一个与那些数字押韵词或短语，得到的口令的情况如下：

- 23 Strawberry!
- 209 Canadian Pine!
- Number 8, Armor Plate
- 425 Take a Drive!
- Number Two, Oh Phew!

为了帮助你方便地选出押韵的词，我们在该章的接下来几节中还包括一些基本押韵词的列表，其中许多可在 www.rhymezone.com 找到。

下面的提供了一些与数字押韵的词。

与 1 (One)押韵的词

Bun, Bunn, Done, Fun, Hun, None, Nun, Pun, Run, Shun, Son, Spun, tun, Sun, Ton, Tonne, Won, Bank Run, Bon Ton, Bull Run, Cross Bun, Dry Run, End Run, Fowl Run, Gross Ton, Homerun, Home Run, Long Run, Long Ton, Make Fun, Mean Sun, Net Ton, Outdone, Outrun, Pit Run, Redone, Rerun, Short Ton, Ski Run, Undone, Chicken Run, Honey Bun, Hotdog Bun, Hot Cross Bun, Metric Ton, Midnight Sun, Overdone, Caramel Bun, Cinnamon Bun, Favorite Son, Frankfurter Bun, Hamburger Bun, In The Long Run.

与 2 (Two)押韵的词

Bleu, Blew, Blue, Boo, Brew, Chew, Choo, Clue, Coup, Coups, Crew, Cue, Deux, Dew, Do, Doo, Drew, Ewe, Few, Flew, Flu, Foo, Glue, Gnu, Goo, Grew,Hue, Knew, New, Phew, Rue, Shoe, Shoo, Skew, Slew, Spew, Stew, Threw, Through, Thru, Too, You, And You, Bamboo, Beef Stew, Canoe, Dark Blue, Go Through, Go To, Ground Crew, Gym Shoe, Make Do, Not Due, Ooze Through, Slice Through, Soak Through, Speak To, Squeak Through, Stage Crew, Steel Blue,Thank You, Withdrew, Appeal To, Attach To, Cheese Fondue, Chicken Stew, Cobalt Blue, Grow Into, Hitherto, What Are You, LongOverdue, Blink 182, Chicken Cordon Bleu, Critical Review, Giant Kangaroo, Outrigger Canoe, With Reference To, Capital Of Peru, Giant Timber Bamboo, Literary Review, Security Review.

与 3 (Three)押韵的词

At Sea, Banshee, Bay Tree, Beach Flea, Beach Pea, Bead Tree, Bean Tree, Black Pea, Black Sea, Black Tea, Debris, Decree, Deedee, Degree, Dundee, Fig Tree, Herb Tea, High Sea, Abductee, Absentee, Addressee, Christmas Tree, Detainee, Entrance Fee, Escapee, German Bee, Middle C, Third Degree, Vitamin B, Vitamin C, Vitamin D, Vitamin E, Vitamin G, Vitamin P, To The Lowest Degree, Africanized Honey Bee, Battle Of The Bismarck Sea, Capital Of Tennessee, Mediterranean Sea.

与 4 (Four)押韵的词

Boar, Bore, Chore, Core, Corps, Door, Drawer, For, Fore, Gore, More, Pour, Roar, Wore, Explore, Fall For, Front Door, Lead Ore, No More, Offshore, Price War, Restore, What For, Wild Boar, World War, Account For, Allow For, Anymore, Know The Score, Liquor Store, Sliding Door, Computer Store, Convenience Store, Department Store, Prisoner Of War, Responsible For, Uranium Ore, American Civil War.

与5 (Five)押韵的词

Clive, Clyve, Dive, Drive, Hive, I've, Jive, Live, Shive, Strive, Thrive, Alive, Arrive, C5, Connive, Contrive, Crash Dive, Deprive, Derive, Disc Drive, Disk Drive, Hard Drive, Let Drive, Line Drive, M5, Nose Dive, Revive, Survive, Swan Dive, Tape Drive, Test Drive, Backhand Drive, CD Drive, Come Alive, Fluid Drive, Forehand Drive, Power Dive, Take A Dive, External Drive, Internal Drive, Winchester Drive, Automatic Drive.

与6 (Six)押韵的词

Bix, Bricks, Brix, Chicks, Clicks, Cliques, Dix, Fickes, Fix, Flicks, Fricks, Frix, Hicks, Hix, Ickes, Kicks, Knicks, Licks, Mix, Nick's, Nicks, Nikk's, Nix, Nyx,Picks, Pix, Rick's, Ricks, Rix, Slicks, Styx, Ticks, Tics, Tricks, Vic's, Vicks, Wickes, Wicks, Wix, Afx, Cake Mix, Conicts, Depicts, Inicts, Predicts, Quick Fix, Transx, Bag Of Tricks, Brownie Mix, Captain Hicks, Intermix, River Styx, Row Of Bricks, Lemonade Mix.

与7 (Seven)押韵的词

Bevan, Beven, Devan, Devon, Evan, Evon, Heaven, Kevan, Leaven, Levan, Previn, Eleven, Mcgrevin, Mcnevin, Seventh Heaven,Tree Of Heaven, Vault Of Heaven, Manna From Heaven , Kevin, 7-Eleven, , Momevin, Geven, Deven, Beven, Weven, Pevin, Feven, Geven, Jeven, Zeven, Meven, Breven, Toobeven.

与8 (Eight)押韵的词

Ate, Bait, Freightgate, Great, Hate, Late, Mate, Bank Rate, Baud Rate, Clean Slate, Collate, Crime Rate, Debate, Deate, Dictate, Dilate, Kuwait, Lightweight, Lose Weight, Postdate, Steel Plate, Figure Skate, Mental State, Overrate, Overweight, Payment Rate, Police State, Procreate, Quarter Plate, Real Estate, Recreate, Reinstate, Roller Skate, Running Mate, Underrate, Watergate, Collection Plate, Junior Lightweight, Prime Interest Rate, Public Debate, Recriminate, Remunerate, Repayment Rate, Reporting Weight, Second Estate, Turnover Rate, Vacancy Rate, Department Of State, Emotional State, Equivalent Weight, Maturity Date, Unemployment Rate, Alexander The Great,

Capital Of Kuwait, Secretary Of State.

与 9 (Nine)押韵的词

Brine, Dine, Fine, Line, Mine, Pine, Shine, Shrine, Twine, Vine, Whine, Wine, Blood Line, Blush Wine, Bread Line, Bus Line, Chalk Line, Chow Line, Combine, Conne, Consign, Hot Line, Incline, Malign, Nut Pine, Plumb Line, Plus Sign, Rail Line, Street Sign, Tree Line, T rend Line, White Pine, Chorus Line, Command Line, Copper Mine, Credit Line, Dollar Sign, Draw

A Line, Draw The Line, Drop A Line, Equal Sign, Fishing Line, Melon Vine, Minus Sign, Opening Line, Percentage Sign, Telephone Line, Top Of The Line, Unemployment Line, Personal Credit Line.

抓住重点

让一个口令变得可预测的不只是你口令的含义，而且是你实际使用的词。规避这个问题的一个方法是以一种拐弯抹角的方式来说一件事。例如，一种直接使用口令的方式是 my sister（我姐姐），与之相比，可以这样用这样的方法：my mother's husband's daughter（我母亲的丈夫的女儿）。不使用 stapler，而使用 staple contortion device。明白了吧？

下面是一些例子：

- Lap-based computing device
- The circular filing cabinet
- Armpit odor prevention system

该技术的一个变化就是拿出任何词、词组或职位，并使之听起来是天经地义的：

- Waste collection engineer （垃圾收集工程师）
- Follicle deprived（贫困的毛囊）

然而，这种技巧的另一种形式的变化是另一种风格使用，把你的答案代替问题作为口令。并不用在乎答案是什么，你只是使用实际问题去使一个口令的强度更强。

- what is the color of your car?（你的车是什么颜色）

- who is the first person to travel to Jupiter?（谁是第一个去木星旅行的人?）

坦白

很多人都存在一个问题，那就是会把口令告诉别人。当有人需要一些已经被你的口令保护的东西的时候，他可以很容易地获取你的口令。你会很随意地将口令给他，想都不会想。这当然不是一个好习惯，因为口令应该是一个秘密，你永远都不应该告诉其他人。口令应该是一个真正的秘密，在自己脱口而出说出这个秘密的时候，应该三思。

例如，你可以把口令设置为："I pick my nose at stoplights"。当然，这只是设置了一个口令，并不表示其他的什么令人恶心的事情。但是，假设你在等红灯的时候真的抠鼻子了，这可能对你是一个很好的口令。这肯定会帮助你长时间记住自己的口令。

因此，你有什么秘密？你有不喜欢的人吗？你有从公司拿得办公用品吗？戴假发吗？这些都可以作为产生口令的素材。

这种口令的优势在于，这些口令都容易记住。不管它是不是你第一次想到的，也许，你确实是有意识地进行思考来确定这些口令。最重要的是，这可能是你最隐秘的。还有什么比根据你已保守的秘密而来记忆一个口令更好的方法吗？

曼波音乐舞步（The Elbow Mambo）

你可能已经听说了所谓的pot stir、duck walk或egg beater等舞蹈动作，但在这里，你有机会拿出自己的舞蹈动作。这实在没有什么解释，但几个例子也许可以让你明白一些：

- The Puppy Hop（小狗跳）
- The knee-dip-trip（膝-关节-摔倒）
- The Wild Boar（野猪）
- The Larry King Shrug（拉里国王耸肩）

你可以设计出一些口令，基于这些模式的这些口令是能够简单记忆的，而且可能比舞蹈动作本身更容易。

电话号码

我已经提到，在记忆口令的时候，应该采用我们大脑容易记住的模式。有一种记忆技巧是根据电话号码的创建口令。当你考虑这些口令时，务必包括数字、标点符号和字母。

下面是一些例子：

- 1-800-Broken glasses
- (888) 888-eight eight
- 1-900-puppies
- (222) New-Shoe

这种方法通常是行之有效的，只是不要使用一些容易猜测的号码，比如与你自己相关的号码，或一些众所周知的号码。尽管模式“(888) 888-eight eight”看上去很简单，但事实上，我们使用了空格、连字符、括号等符号，而且该口令的 22 个字符长度使之成为一个难破解的口令。

注 意

大约每 110 000 个人中就有一个人会使用 8 675 309 当作口令。

字母替换

一个强口令的原则是避免使用字典中的单词作为你的口令。一个简单方法是将口令采用几个单词连接在一起的形式，并以一个空格或连字符隔开。多年来，AOL 一直采用这一技巧产生的口令，来用于大量邮寄的免费光盘上。在这些光盘上，你会经常看到这种形式的口令，如 ANTICS-ABSORB、HOLE-ROTS 及 RAKED-GNOME 等。这种技术的唯一的问题是随着计算机运算能力的增加，它就不难被黑客以尝试每种两个词的组合，从而得到口令。按照目前的计算技术，这不是没有可能的。

以下这种构建口令的技术与构建口令的双词方法是相似的。不同之处在于它采取了进一步的处理，通过变换每个词中的第一个或前两个字母，使它们不太可能会出现在一本字典或普通的口令清单中。这些类型的词被称为首音置换（spoonerisms）。

这就是它们看起来的样子：

- Sour Grape → Gour Srape
- Ford Mustang → Mord Fustang
- Slurred Speech → Spurred Sleech
- Dog-Poo → Pog-Doo
- Big Ditch! → Dig Bitch!

这一模式通过给出的两个新要素：幽默和讨厌，可帮助你记住口令。如果某样东西是有趣的，它就容易记住。同样，对于讨厌的东西，也一样容易被记住。确实，你可能会被口令 Dig Bitch 触怒，但是，你可能会记住它。这个特定的口令唯一的问题是，通过替换字母得到的两个新词仍是词典的词，所以应该警惕这一点。

如果你花时间来学习一些本书中出现的构建口令的模式，那么构建一个难以忘记的口令很容易。如果你使用这些模式或提出自己的构建口令的新模式，只是要确认你的口令不会让别人感觉很熟悉，不要让有人仅仅看到你口令中的一个词就能够猜到你的口令。这个目标就是使每一个口令都很唯一，并且仍容易记住。

小结

至此，你应该对这里介绍的口令构建策略有一定的了解了，遵循这些策略，也就能够很容易记住你的口令，并且这样的口令具备较难预测的模式。在需要使用口令的时候，应该考虑构建一个口令，而不仅仅是选择一个口令。复杂的、长的口令更难破解，它们一样可以作为一个很容易记住的短期使用口令。当需要回忆口令的时候，如果你只需记起其中一个能触发回忆起其他词的关键词，那就最好不过了。

Chapter 9

第 9 章 最糟糕的 500 个口令

本章主要内容：

- 最糟糕的口令

最糟糕的口令

从人们开始使用口令起，用不了很长的时间，就会出现重复。甚至写错的词也是一致的。实际上，人的行为是可以预见的，有共性的，这样的口令清单已经被许多黑客所利用。

为了让您深入地了解人类行为的可预见性，下面列出了 500 个最常用的口令。如果你看到你的口令也在位列其中，请立即更新。记住，这里列举的每个口令都至少被成百乃至上千人使用过。

从列在清单上的这些有趣的口令上可以看出，人们想尽量聪明一些，但这些可预见的口令使人们看上去并不聪明。先看看我找到的这些有趣的口令吧：

- **ncc171**　星舰企业（Starship Enterprise）的船舶数量
- **thx1138**　乔治·卢卡斯（George Lucas）的第一部电影，1917 年翻拍
- **qazwsx**　按照简单的键盘模式输入的
- **666666**　六个 6
- **7777777**　七个 7
- **ou812**　1998 年范·海伦（Van Halen）专辑的标题
- **8675309**　这个数字是 1982 年汤米（Tommy Tutone）在歌曲中提到的。据说这首歌导致一些人拨打 8675309 找珍妮

注 释

在所有使用的口令中，大约每九个人就会有一个会出现在表 9.1 中，并且每 50 个人中就会有一个出现在前 20 位中。

口令

表 9.1 列出了目前最糟糕的 500 个口令，典型的不考虑字符性质。不要怪我说得这么直白，你才是挑选这些口令的人，不是我。

表 9.1　最糟糕的 500 个口令

排　名 1～100	排　名 101～200	排　名 201～300	排　名 301～400	排　名 401～500
123456	porsche	firebird	prince	rosebud
password	guitar	butter	beach	jaguar
12345678	chelsea	united	amateur	great
1234	back	turtle	7777777	cool
pussy	diamond	steelers	muffin	cooper
12345	nascar	tiffany	redsox	1313
dragon	jackson	zxcvbn	star	scorpio
qwerty	cameron	tomcat	testing	mountain
696969	654321	golf	shannon	madison
mustang	computer	bond007	murphy	987654
letmein	amanda	bear	frank	brazil
baseball	wizard	tiger	hannah	lauren
master	xxxxxxxx	doctor	dave	japan
michael	money	gateway	eagle1	naked
football	phoenix	gators	11111	squirt
shadow	mickey	angel	mother	stars
monkey	bailey	junior	nathan	apple
abc123	knight	Thx1138	raiders	alexis
pass	iceman	porno	steve	aaaa
fuckme	tigers	badboy	forever	bonnie
6969	purple	debbie	angela	peaches
jordan	andrea	spider	viper	jasmine
harley	horny	melissa	ou812	kevin
ranger	dakota	booger	jake	matt
iwantu	aaaaaa	1212	lovers	qwertyui
jennifer	player	flyers	suckit	danielle
hunter	sunshine	fish	gregory	beaver
fuck	morgan	porn	buddy	4321
2000	starwars	matrix	whatever	4128
test	boomer	teens	young	runner
batman	cowboys	scooby	nicholas	swimming

续表

排　名 1～100	排　名 101～200	排　名 201～300	排　名 301～400	排　名 401～500
trustno1	edward	jason	Lucky	dolphin
thomas	charles	walter	helpme	gordon
tigger	girls	cumshot	jackie	casper
robert	booboo	boston	monica	stupid
access	coffee	braves	midnight	shit
love	xxxxxx	yankee	college	saturn
buster	bulldog	lover	baby	gemini
1234567	ncc1701	barney	cunt	apples
soccer	rabbit	victor	brian	august
hockey	peanut	tucker	mark	3333
killer	john	princess	startrek	canada
george	johnny	mercedes	sierra	blazer
sexy	gandalf	5150	leather	cumming
andrew	spanky	doggie	232323	hunting
charlie	winter	zzzzzz	4444	kitty
superman	brandy	gunner	beavis	rainbow
asshole	compaq	horney	bigcock	112233
fuckyou	carlos	bubba	happy	arthur
dallas	tennis	2112	sophie	cream
jessica	james	fred	ladies	calvin
panties	mike	johnson	naughty	shaved
pepper	brandon	xxxxx	giants	surfer
1111	fender	titz	booty	samson
austin	anthony	member	blonde	kelly
william	blowme	boobs	fucked	paul
daniel	ferrari	donald	golden	mine
golfer	cookie	bigdaddy	0	king
summer	chicken	bronco	fire	racing
heather	maverick	penis	sandra	5555
hammer	chicago	voyager	pookie	eagle
yankees	joseph	rangers	packers	hentai
joshua	diablo	birdie	einstein	newyork

续表

排　名 1～100	排　名 101～200	排　名 201～300	排　名 301～400	排　名 401～500
maggie	sexsex	trouble	Dolphins	little
biteme	hardcore	white	0	redwings
enter	666666	topgun	chevy	smith
ashley	willie	bigtits	winston	sticky
thunder	welcome	bitches	warrior	cocacola
cowboy	chris	green	sammy	animal
silver	panther	super	slut	broncos
richard	yamaha	qazwsx	8675309	private
fucker	justin	magic	zxcvbnm	skippy
orange	banana	lakers	nipples	marvin
merlin	driver	rachel	power	blondes
michelle	marine	slayer	victoria	enjoy
corvette	angels	scott	asdfgh	girl
bigdog	fishing	2222	vagina	apollo
cheese	david	asdf	toyota	parker
matthew	maddog	video	travis	qwert
121212	hooters	london	hotdog	time
patrick	wilson	7777	paris	sydney
martin	butthead	marlboro	rock	women
freedom	dennis	srinivas	xxxx	voodoo
ginger	fucking	internet	extreme	magnum
blowjob	captain	action	redskins	juice
nicole	bigdick	carter	erotic	abgrtyu
sparky	chester	jasper	dirty	777777
yellow	smokey	monster	ford	dreams
camaro	xavier	teresa	freddy	maxwell
secret	steven	jeremy	arsenal	music
dick	viking	11111111	access14	rush2112
falcon	snoopy	bill	wolf	russia
taylor	blue	crystal	nipple	scorpion
111111	eagles	peter	iloveyou	rebecca
131313	winner	pussies	alex	tester

续表

排　名 1～100	排　名 101～200	排　名 201～300	排　名 301～400	排　名 401～500
123123	samantha	Cock	florida	mistress
bitch	house	beer	eric	phantom
hello	miller	rocket	legend	billy
scooter	flower	theman	movie	6666
please	jack	oliver	success	albert

Chapter 10

第 10 章 口令变形十要点

本章主要内容:

- 变形使口令复杂

变形使口令复杂

在本书前面的章节中，我都在论述创建唯一且不可预测的口令的重要性。但是我也提倡，在基于英文单词的基础上设置口令，因为这样容易记忆。使用英文单词作为口令的问题就是，这样的口令不唯一，而且可推测。即使采用一串英文单词作为口令，那它也是容易预测的。

解决的办法就是变形，也就是说通过对一个常用的短语进行修改或改变，使它成为完全唯一的口令。使用不同的字符可以组成强口令，长口令也很强，但是变化多样的、拆分的长口令则是最强壮的。

对于口令变形的方法，用不着解释太多。随便拿出一个口令，然后根据下面的提示去修改，最终使得这个口令不可猜测。一个口令之所以唯一，是因为具有亿分之一的机会和其他口令相同。下面介绍的十个提示和一个极具价值的说明，就是让你开始使用变形的方法。

多样的方言

当你有一个通行码后，你会担心它不够强壮。如果 Elmer Fudd 能够说出来，它是否就变得普通了？因为潜在的幽默感，使用不同的方言记录你的通行码，或者应用重音这个主要的技巧，使得口令容易记忆，并且能够准确地再生成。下面是几个教你如何使用方言去修改你的通行码生成口令的例子。以通行码“I have fallen and I can’t get up!”为例。

- **Elmer Fudd** I have fawwen and I can’t get up!
- **Redneck** Ahve fallen an’ ah can’t gittup!
- **Hacker** i’ve f4llen snd teh suck getting up
- **Toddler** Fallen mommy, get me1
- **Pirate** Ayyy blew me down matey an I can’t be getting up!

不规则性

不规则性是一个很简单的技巧，你可以混合一切事物，使之变成另一些事物。改变单词的位置就可以改变之前它代表的含义。然而，也不要太过混淆，以防止你自己忘记它。下面是无规则性的一些例子：

- River—the Hudson
- To be to be or not!
- I'd rather not be not fishing…
- Please do not pool in my pee!

分割

通行码字符较多，可以进行更多的更改，这可以使得口令真正的唯一。分割的技巧就是选择一个通行码，然后随意切断它：

- near ly noon in norway
- im port ant in for ma tion
- betterthansli cedbread
- thenut typrof essor

这种方法很简单，但是效果很好。加上一些空格，一些回车，这样你的口令就唯一了。

重复

这里所说的重复是作为一个记忆技巧，它具有强大的通行码拆分功能。重复非常有效，在我使用在大多数口令中，我都会使用这个的技巧。记住一件事情而且将其输入两次，这样做是很容易的。你只要知道如何使用就可以了。输入两次同样的字符串是众所周知的技巧，而且容易预测。而如果你重复的方式多样化，这样就可以避免口令被猜测。

- reallyreally long is reallyreally strong
- I'll…be…back…
- No way no how no one

替代

用其他字符更换一定量的字符是一个主要的技巧，这种方法应用得很普遍，但是，有一点需要指出，该方法在实施的时候通常会遇到一些问题。

将 a 用@代替、或者 O 用 zeros 代替，这些方法并没有你相象的那样有效。当你设置口令的时候，应该考虑一下如何用其他方式表达你想要表达的意思。下面是你可以参考的一些替代的例子：

- Gr8 vacashuns
- go armx, go navx
- companee policee
- h&dsome frogs

其他标点符号

标点符号就是口令拆分中的瑞士军刀。有时，虽然仅仅添加了一个标点符号，你就会惊奇地发现，这能够让口令的安全级别大大提升。口令变形的目的就是确保某些人基于普通词条无法破解你的口令。这有许多可以利用的词条，而且有些很有效。

如何确保你的口令不会出现在黑客的列表上，有时仅需添加一些标点符号就可以了。结合标点符号，有很多可以做的事情，包括界定、括弧、前缀、后缀、模式建立等。下面是些这样的例子：

- After--->wards
- //lava//outlaw//
- Lenny-the-pirate.
- Mister :) AOL
- hide the ***** password
- --==//jetsons\\==--
- ……sleeping again…zzz

当你在口令中使用标点符号时，要记住第 4 章中提到的特殊的符号。而且要记住，大多数操作系统认为空格也是符号，所以要正确地使用空格。

口吃

如果你有演讲的时候有了障碍，就是通常所说的口吃，你也可以将之进行利用，利用它来提升口令的安全级别。你不需要使用演讲障碍作为技巧，但是，我们要知道如何利用它。如果它无法让人理解，那么它就很难被破解。

- th th th that’s all fo fo folks
- ahmagonna gitta navacada
- Popolus rhodeisland
- The cccobalt mlion

非单词

容易记忆的口令不一定非得是真正的单词，口令只是需要看上去类似是一个真正的单词就可以了。假的英语单词是很容易记忆，并且不会在词条中找到，这对于口令来说很完美。

- Kai’s atmolingered wallet
- Sprained my forung
- ‘Twas a complete outhacy
- Complete Pioforia

对于这个技巧，我永远是乐此不疲的，下面是一些非单词的例子：

Revitching, Sioter, Hassalic, Ephoich, Hasuxou, Stise, Ioxoaxay,Tisance, Eshasoaddify, Iaphouth, Hasoushi, Oumenoush, Ermenify, Dhapioz, Inxiag, Teencers, Oithoux, Tisechinph, Phoution, Tiarer, Ouhashane, Hacy, Hetisour, Wonnon, Forung, Emenis, Jhasoo, Outiofles, Thioquay, Souhas, Tiotheemen, Onrount,Tirea, Appleable, Tisominhas, Inzial, Shashafor, Menookings, Zoitislic, Qurettly, Hasoushedness, Thable, Inhasofer, Onzeaght, Etisizzy, Wuess, Eazify, Iahasosh, Achment.

外语和俚语

如果你了解一门外语，也可以在口令中使用一些。我并不是说整个口令都用外语，但是要混合多样的语言来增加一些可能单词，这样，当某些人试图去破解你的口令时，他就必须做更多的尝试。如果你不能考虑其他外国语言，那么也可以尝试俚语，特别是你不经常使用的俚语或者和你的个性不相符的语言。

- Bailando with Mr. Dirt
- ichi-ni-san-shi-five
- Grandma's warez dump
- Walking w/ the g dizzle

打印错误

在口令中加入打印错误的字符是很简单的事情，在频率上也没有要求。但这并不是完美的解决方法，因为此时的口令是由拼错的词组成。但是，这对于变形来说是一个好的开始。

- Slay teh hyberbole!!
- Board 2 teers.
- blawing-mad
- Centralizing the sammon

特别提示

你的口令需要成为唯一的口令。口令应该是彼此不同的，这就要求你应该恰当使用别人不经常使用或者从不使用的字符。其实并没有确定的方法来判断你口令的唯一性，但你可以进行一种快速测试，来确保你没有选择一个普通的口令，这就是使用 Google。

如果你搜索你的口令时没有任何结果出现，就表示你的口令十分复杂。但是这并不能证明口令的安全级别很高，不过，可以证明该口令的安全性并不弱。令人惊奇的是，在 Google 上你可以找到很多口令。很多人都可以至少找到一些与他们口令相关的，无论他的口令看上去多么晦涩和生僻。

表 10.1 列举一些随机口令的搜索结果。

表 10.1　随机口令的搜索结果

口令	Google 搜索结果
Brook55 2,	2290
20022002	25 600
baddog123	239
gizmo12	766

续表

口令	Google 搜索结果
justin29	1 600
shark01	3 820 s
letmein	57 000
batman11	2 570
kahoona0	7
6969hune	2
salmongoat57	7

很明显，无论口令多么复杂，仍会搜索出结果。我并不推荐将搜索口令作为你制定自己口令的过程的一部分，因为这一过程本身就存在着安全风险。但是，这样的测试对于判断一个口令是否可用是有所帮助的。总之，可以尝试一下些你自己的口令。

事实上，人们的一些行为是可以预知的，电脑黑客也都了解。一旦你掌握怎样不被预知，你所设置口令在安全性方面就会步入正轨了。

Chapter 11

第 11 章 强口令的三个准则

本章主要内容：

- 复杂性准则
- 唯一性准则
- 保密性准则

引言

每个人对如何使口令性能增强都有一些自己的想法，有些想法是正确的，有些想法却是错误的。我将这些看法总结为三项基本准则：复杂性准则、唯一性准则和保密性准则。以这些准则为指导，我们可以创建性能强劲的口令。

复杂性准则

复杂性使得口令增强，它使口令在强力攻击下具有不可预测性和抵抗力。复杂性是口令长度和内容多样性的一个组成部分。

三个要素

为了确保口令的复杂性和长度，你的口令至少包含三要素。虽然没有特定的定义来说明这些要素，但是，这些要素可能包含字符、数字、符号、文字或词组。每一个要素都是提高口令随机性的机会。这些要素可以松散地联系在一起，如果使用得当，有时可以重复使用。下面是一些例子：

- Orchard/making-pies
- flour&eggs&milk
- 2crazy@doghouse.com
- Turn left,right,right

一万亿

为了防止受到强力攻击，你的口令应该选自有一万亿个可选项的口令空间，也就是说需要一万亿次尝试才能破解你的口令。对于口令而言，它主要是 15～20 个字符长的小写字符，这样会方便输入。另外，只要有可能，口令还包括如下要素：

- 在第一个字符之后使用大写字母

- 在整个口令中使用一个或两个数字，不只是在口令的开始和结束处使用
- 避免口令 50%以上由数字组成
- 在口令中使用标点符号和其他符号作为分隔
- 如果系统允许，可以使用空格
- 当需要更好的安全级别时，可以使用高位 ASCII 或 Unicode 字符

唯一性准则

唯一性意味着你使用的每一个口令，专属于特定的系统，该口令区别于其他所有口令。下面是如何使你的口令成为唯一口令的方法：

- 避免使用常用的口令、共同的词组或字典中的单词
- 不要重复使用相同的口令一次以上，特别是在不同的系统中
- 避免过于依赖单一口令
- 避免使用与你自身或环境相关的文字和数字
- 避免包含个人日期或其他重要的数字、宠物名字、亲属或爱人、车辆名、最喜欢运动队或其他个人信息
- 避免使用那些自己容易重用的单词
- 避免使用可预测的模式或序列

唯一性还包括长时间内的唯一。为了避免陈旧的口令，每三到六个月应该更换口令。绝不要将口令保持一年以上不更换。有时候，特别是当你怀疑发生了安全事故，你应立刻更改口令。

保密性准则

始终保持口令的保密性和机密性，确保它作为认证时的完整性。如下的实例对保持口令的保密性很有必要：

- 不要将口令与其他人共享
- 避免以不安全的方式记录口令
- 避免在网络浏览器和其他应用软件中保存口令

- 始终删除包含口令的电子邮件
- 使用网站的退出功能，而不是仅仅关闭浏览器
- 巧妙地设计一些口令提示问题和答案
- 在建立和配置系统时使用一个口令，系统完成时修改该口令
- 随时更改自动分配给你的口令

小结

为了创建强有力的口令，你需要遵守一些方法，本章包含三条口令准则：复杂性、唯一性和保密性。这些准则有助于完善当前口令的发展或创建模式，建立口令策略，从而确保你的口令仍然是认证机制的有效部分。

Chapter 12

第 12 章 庆祝口令日

本章主要内容：

- 口令日
- 庆祝口令日

口令日

口令日是我一年庆祝一次或两次的重要日子。它是我口令策略一个重要的组成部分，我认为它应该单独成为一章。

口令日是一年或半年中的某一天，在这一天中，你仍然要去工作，一切如常。在这一天，你不会得到任何礼物，糖果或者特别的礼物。你所做的是花费一天的时间关注口令。你不只是关心你的一部分口令，你应该力图将所有的口令保持唯一性。通过检查每一个有口令的账户、服务、签字、成员资格、系统和需要口令的设备，并且更新这些口令。花费一些时间改善你的口令选择技能，安全地选择你的整个文件的口令。

口令日的起源

几年前，在进行一项追查入侵金融服务公司的黑客的调查之后，我开始庆祝口令日。当时，这家公司的网络安全水平很低，当时这种现象很普遍。这类公司一直是黑客攻击的目标。他们雇用了安全公司评估公司的系统安全水平，发现系统最大的弱点是用户口令。许多用户账号拥有的口令完全和他们的用户名一致，例如，就是 password 和 administrator 等可预测口令。一些账户甚至没有口令。于是，他们实行了更为强力的口令政策，逐渐修改口令和升级系统安全。

尽管公司付出大量努力保证网络完全，六个月之后，他们依然发现继续成为黑客攻击的目标。这一切在一次涉及盗取客户敏感信息的严重攻击中达到顶点。公司让我为他们提供安全服务。为了追踪入侵点，我分析了网络服务器日志文件。一周之后，在查找 10 亿字节日志之后，我发现这些黑客所做得很简单，并没有多少技术含量，他们的登录方式和普通员工一样，通过 FTP、FrontPage、e-mail、VPN 登录系统。最糟的是，黑客们使用从员工那里盗取的口令。

虽然用户现在拥有了更为强力的口令，但是他们仍然存在口令问题。这次的问题是，虽然他们定期修改口令，黑客们总是拥有一个仍然起作用的口令。黑客们用口令进入后，获得当前的其他口令。当某个口令被更新后，黑客们会尝试其中的口令再次登录系统，获取其他口令。用一个例子来比喻，就好像他们堵住了一个漏洞，但在其他地方又出现了漏洞。

我的解决方案是在同一天、同一系统和装置中鉴别和修改每一个系统用户的口令。对这个公司来说，需要更新 5000 多个口令。一周之后，我们重复此项工作。这是一个工作了很大的工作，但是却是值得的。黑客们完全被屏蔽在系统外，不再能重新进入系统。

一年之后，这个公司又聘请我做一些其他的咨询工作，我发现他们至少一年更改一次口令。员工们将这一天称为口令日。奇怪的是，员工期待着口令日。老板买了很多披萨，每个人坐下来用一整天来考虑如何设计自己的口令。在每一个员工更改每一个系统口令的同时，这些员工也会花时间更改他们自己的个人口令。

这是一种相当有效的、简单的安全策略。在系统安全过程中，该策略涉及了所有用户。这是一个很好的方法，它能够兼顾到那些很少修改并经常被忽略的口令，例如路由器口令或者 hotmail 账户。在这一天，任何的口令，不管它如何隐蔽，都会度过它的第一个生日。

口令日非常有效，因为黑客们通常在他们第一次尝试攻击时，不会直接到达网络的核心。黑客们逐渐收集口令和其他信息，从而间接地得到更重要的材料。口令日有效地降低了口令的暴露概率。

庆祝口令日

从那以后，我决定也采用相同的策略，那就是至少一年一次浏览和更改我的每一个口令。这看起来有点不切合实际，但是不容置疑的是，它将增强我的系统的安全性。

举行口令日的奥秘在于将这一天看成工作中的休息日。这一天，你会在面对所有正常的事务和杂事的同时，花费一天或半天来考虑“口令”这件事。设定“口令日”，就是为了使得这件事情变得有趣。否则，它会变成一件没完没了的杂事。如果你在公司执行一天“口令日”，可以将这天变为衣着随意的一天，提供食物或饮料，集合员工分成组一起修改口令，为了将这一天变得有趣，可以做任何你想到的事情。你甚至可以将“口令日”安排在大家本来就没有心情安心工作的某一天，例如选在即将放假的前一天。

当你庆祝“口令日”的时候，需要注意的是，不要忽略任何你可能拥有的口令。花时间列出所有带口令的系统，这样做能够在修改口令时节省自己的时间，尤其要注意那些很少使用的、容易被忽略的口令。如下是一些容易忽略的口令：

- 即时通信账户
- 路由器和网关的口令
- 脚本和其他程序中编码口令
- 服务账户
- 本机管理员账户
- 动态目录恢复模式口令
- 登录域名注册服务
- 登录加密套结字协议层（SSL）证书授权
- 登录服务提供商（ISP）和其他提供商账户
- 基本输入输出（BIOS）口令
- 数据库和其他加密算法的密钥
- PGP 软件的通行码

记住所有新口令是很困难的，正如第 7 章中提到的，要充分利用口令存储设备。完成之后，记着修改口令程序中的主通行码。

小结

OK，该说得基本都说完了。保证把自己的每个口令每年至少修改一次，这将大大提高你的整体安全性。这是一个屏蔽那些有可能收集一些账户口令的黑客的好办法。在做这件事的时候，应该保持快乐的心情，并做彻底的修改。

现在，“口令日”是一个宁静的假期，我和一些我的客户正在享受其中。也许有一天，这个观念将流行起来，世界各地都会看到“口令日”的庆祝活动。

Chapter 13

第 13 章 认证的三个要素

本章主要内容:

- 多因素认证

多因素认证

许多年前，我有机会成为自己住处附近一家大电影公司的保安。一个朋友介绍这份工作给我，上班第一天他先给我介绍了一下电影公司的情况。电影公司租用了当地居民的牧场，合同的部分内容要求公司在牧场入口处提供一名安全警卫，我就是这名保安。他将我带到入口处，告诉我他大约在吃饭时间回来。

我拦住他，问如何知道哪些人是公司的员工，哪些不是。他解释道，他无法告诉我判别方法。所以，作为门卫，我只是向通过的人挥手示意。我的朋友见到这种情况后，沉默了一会，好像从来没有考虑这个问题似的，然后告诉我如果有人看起来可疑，我可以打他手机。

我在那里坐了 8 个小时，向每个出入的人挥手示意，人们也都向我示意，每个人看起来好像都属于这里。最终没有公司关注的那些不安全事件发生。

现在回想起来，我有时就会想，不知道有多少企业在他们自己的计算处理环境中有相同的安全系统。如果你看起来属于这里的，你就属于这里，事实是这样吗？

我妻子有一张信用卡，该信用卡的正面有她的照片。当她用这张卡购物，店主看照片就可以确认她是这张卡的主人。当然，她的面孔并不能当钱用，她必须拥有这张卡，展现在店主面前。她必须签署收据或者提供个人身份号码。有时，店主还会要求其他的支付信息，比如，账单的邮寄地址的邮政编码；输入三位的卡认证码（card verification system, CVS）等。

如果发生争执，店主会使用采用很多手段，获取足够的证据来证明这个交易发生过。从另一方面说，在加油站使用信用卡支付时，就不要求如此严格的认证。事实上，你所真正需要的是拥有一张卡，实际上没有证据显示是你使用了这张卡。安全性完全依赖一个事实：当信用卡被窃或遗失时，你应该尽可能快的挂失。

任何时候，你登录认证系统时，你可以使用一个或多个方法来实现认证。使用的方式越多，认证就会越安全和可靠。

多年以来，我们可以看到电影中的人物使用指纹识别或视网膜扫描作为认证手段。这种技术虽然诞生不久，但是今天已经被广泛应用。这些认证方式称为生物测定学，能极大地增强口令的可靠性和完整性。

认证的三个要素

任何形式的认证都是基于如下三个要素：

- 你所知道的
- 你所拥有的
- 你是什么

你所知道的

你知道的有些事情是秘密（例如口令）。在任何时候产生的、用于认证系统的口令都应该是一个秘密。

对于任何安全系统来说，口令是一个基本的要素，不能被忽视。虽然在电影中或市场营销活动中，情况未必如此，但是，目前没有其他认证方法可以完全取代口令。

在实际应用中，结合口令的其他认证方法非常有效，但是其他方法并不足以可靠地按自己的方式执行。多要素认证的概念可提供协同工作的多层安全。举个例子，你插入磁卡然后再输入口令，就是应该混合认证的例子。此时，仅仅插入磁卡本身是不够的。

正如我在本书讨论的，口令也有自己的弱点。它完全依靠深谋远虑和口令常识。有人会在你不知道的情况下窃取你的口令。单独的口令从来不是唯一的身份证明方式。

你所拥有的

你所拥有的是一个物理设备，这个物理设备针对某一时间与地点时是唯一的。它可以是如下一些设备。

- **磁卡**：背面有黑色磁条的塑料卡（比如信用卡），磁条里面包含着基本的账户信息。卡片当然也可能包含号码，比如打印卡片上的 CVS 码。如果卡被盗，那么别人就会得到 CVS 码。CVS 码具有一定的防欺骗功能。比如，可以防范别人从打印的购物小票或银行回单上偷取信用卡号；当使用电话或互联网订货时，CVS 码还有助于对磁卡拥有者的身份进行认证。

- **智能卡**：智能卡是一种更智能的磁卡。智能卡内置微处理器和存储装置，更为可靠，能够提供比磁卡更为可靠的认证。
- **USB key**：是插入计算 USB 接口的微小装置。他提供额外的认证，拥有充足的存储空间保存私人文档。USB key 可能成为一种特定的认证装置，简单地说，它可以是专为此种用途而设计的 USB 磁盘。
- **加密狗**：是插入到打印机、串口、键盘或计算机其他装置端口的小装置。加密狗包含认证信息，有时还包含加密复制保护程序。软件公司经常使用加密狗来限制昂贵软件的未授权的复制使用。

你是什么

这种认证方式是根据人类自身的物理和行为特征来进行认证的方法，这些特征从来不会改变。提到生物识别，人们会想到指纹或视网膜扫描。目前，人们正在研究其他的生物识别方法（如图 13.1 所示）。这些方法包括打字行为、语音、识别、面部特征、双手或身体其他部位的测定、DNA 取样或者脑波图谱等，并且在不断增加。

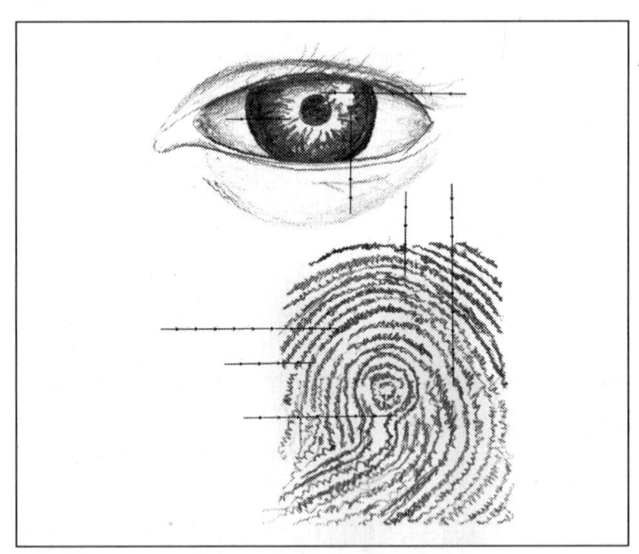

图 13.1 使用视网膜和指纹扫描进行生物识别

正如我之前提到的，生物识别总是需要伴随着口令使用的。否则，就会存在这样的风险：如果你的私人生物数据由于某种原因受到威胁，你不可能每六个月都改变你的指纹。生物识别只是用于增强其他的形式的认证方式。

生物识别的另一个问题是并不完美。它们基本上是一个判断，因为有时候我们的声音是嘶哑的，我们的眼睛是充满血丝的，或者我们的手指受伤或肿胀。在这些情况下，生物识别就会产生偏差。生物识别系统已经展示了它的缺点和错误。举个例子，在摄像头前举着一幅目标对象的照片就可以轻易通过面部识别系统。

多层认证

使用这三种方法中的任何一种都可能发生错误，但是混合使用其中的两种或者更多种方法将会对安全产生巨大影响。事实上，美国的银行业管理者要求所有的美国银行在 2006 年底为高风险交易提供多要素认证。相信其他行业也一定会逐渐普及。

然而，目前依然存在一些问题，这些问题延缓了大规模部署多要素认证系统。行业仍旧不成熟，标准的缺乏也使得一些人在使用某种技术时产生犹豫。这其中也涉及费用问题，因为多要素认证系统经常要求部署特定的硬件和分布式软件。

多层次认证是安全的一个重要方面。但是，在被大规模地应用到我们的生活中之前，这种技术仍需进一步完善。这也就是说，要保证使用强口令，非常强的口令。

小结

本章讨论了三种不同的要素，我们可以将之应用于认证。这三种要素是：你所知道的、你所拥有的，以及你是什么。虽然本书关注的是创建强口令，我已经强调了多次，将口令与这些要素中的一种或多种相结合，就称为多因素认证。

Appendix A

附录 A
测试你的口令

想了解我要怎样评估你的口令？下面是一个简单的测试：

1．你的口令超过 15 个字符长了吗？
2．你的口令是否很好的组合了大多数的字母、一些数字和标点符号？
3．请问你的口令至少包含三块随机的信息吗？
4．你的口令是否完全没有个人信息？
5．如果你在 Google 输入口令，会搜索不到任何结果吗？
6．你是唯一的知道这个口令的人吗？
7．你是否不用查找就能记住你的口令？
8．如果你把口令记录在了某个地方，则那个地方安全吗？
9．你的口令使用了不超过 6 个月吗？
10．你的口令是否从来没有被用于其他地方？
11．你可以很快地输入你的口令而不犯错误吗？

如果这些问题中超过 9 个问题的答案是肯定的，那么恭喜你！但是，不要太留恋你的口令，一旦到了时间，你就应该把它扔进垃圾桶，并重新开始。

Appendix B

附录 B
随机种子单词

在随后的几页中，列出的一些可以作为随机种子的单词。你可以利用这些随机种子单词构建自己的口令。不要直接使用这些单词作为口令。将这些单词与自己的创造性相结合来构建口令。

这个随机种子单词列表可以在：www.syngress.com/solutions下载。

standard
secretary
music
prepare
factor
other
anyone
pattern
manage
piece
discuss
prove
front
evening
royal
plant
pressure
response
catch
street
knowledge
despite
design
enjoy
suppose
instead
basis
series
success
natural
wrong
round

thought
argue
final
future
introduce
analysis
enter
space
arrive
ensure
demand
statement
attention
principle
doctor
choice
refer
feature
couple
following
thank
machine
income
training
present
region
effort
player
everyone
present
award
village

control
whatever
modern
close
current
legal
energy
finally
degree
means
growth
treatment
sound
above
provision
affect
please
happy
behaviour
concerned
point
function
identify
resource
defence
garden
floor
style
feeling
science
relate
doubt

horse
force
answer
compare
suffer
announce
forward
character
normal
myself
obtain
quickly
indicate
forget
station
glass
previous
husband
recently
publish
serious
anyway
visit
capital
either
season
argument
listen
prime
economy
element
finish
fight

train
maintain
attempt
design
suddenly
brother
improve
avoid
wonder
title
hotel
aspect
increase
express
summer
determine
generally
daughter
exist
share
nearly
smile
sorry
skill
claim
treat
remove
concern
labour
specific
customer
outside
state

whole
total
division
profit
throw
procedure
assume
image
obviously
unless
military
proposal
mention
client
sector
direction
admit
though
replace
basic
instance
original
reflect
aware
measure
attitude
yourself
disease
exactly
above
intend
beyond
president

encourage
addition
round
popular
affair
technique
respect
reveal
version
maybe
ability
operate
campaign
heavy
advice
discover
surface
library
pupil
record
refuse
prevent
advantage
teach
memory
culture
blood
majority
answer
variety
press
depend
ready
general
access
stone
useful
extent
regard
apart
present
appeal
cause
terms
attack
effective
mouth
result
future
visit
little
easily
attempt
enable
trouble
payment
county
holiday
realise
chair
facility
complete
article
object
context
survey
notice
complete
direct
reference
extend
agency
physical
except
check
species
official
chairman
speaker
second
career
laugh
weight
sound
document
solution
return
medical
recognise
budget
river
existing
start
tomorrow
opinion
quarter
option
worth
define

stock
influence
occasion
software
highly
exchange
shake
study
concept
radio
no-one
examine
green
finger
equipment
north
message
afternoon
drink
fully
strategy
extra
scene
slightly
kitchen
speech
arise
network
peace
failure
employee
ahead
scale

attend
hardly
shoulder
otherwise
railway
directly
supply
owner
associate
corner
match
sport
status
beautiful
offer
marriage
civil
perform
sentence
crime
marry
truth
protect
safety
partner
balance
sister
reader
below
trial
damage
adopt
newspaper

meaning
light
essential
obvious
nation
confirm
south
length
branch
planning
trust
working
studio
positive
spirit
college
accident
works
league
clear
imagine
through
normally
strength
train
target
travel
issue
complex
supply
artist
agent
presence

along
strike
contact
beginning
demand
media
relevant
employ
shoot
executive
slowly
speed
review
order
route
telephone
release
primary
driver
reform
annual
nuclear
latter
practical
emerge
distance
exercise
close
island
separate
danger
credit
usual

candidate
track
merely
district
regular
reaction
impact
collect
debate
belief
shape
politics
reply
press
approach
western
earth
public
survive
estate
prison
settle
largely
observe
limit
straight
somebody
writer
weekend
clothes
active
sight
video

reality
regional
vehicle
worry
powerful
possibly
cross
colleague
charge
respond
employer
carefully
comment
grant
ignore
phone
insurance
content
sample
transport
objective
alone
flower
injury
stick
front
mainly
battle
currently
winter
inside
somewhere
arrange

sleep
progress
volume
enough
conflict
fresh
entry
smile
promise
senior
manner
touch
sexual
ordinary
cabinet
painting
entirely
engine
tonight
adult
prefer
author
actual
visitor
forest
repeat
contrast
extremely
domestic
commit
threat
drink
relief
internal
strange
excellent
fairly
technical
tradition
measure
insist
farmer
until
traffic
dinner
consumer
living
package
stuff
award
existence
coffee
standard
attack
sheet
category
equally
session
cultural
museum
threaten
launch
proper
victim
audience
famous
master
religious
joint
potential
broad
judge
formal
housing
concern
freedom
gentleman
attract
appoint
chief
total
lovely
official
middle
unable
acquire
surely
crisis
propos
impose
market
favour
before
equal
capacity
selection
alone
football
victory

factory
rural
twice
whereas
deliver
nobody
invite
intention
retain
aircraft
decade
cheap
quiet
bright
search
limit
spread
flight
account
output
address
immediate
reduction
interview
assess
promote
everybody
suitable
ought
growing
reject
while
dream
divide
declare
handle
detailed
challenge
notice
destroy
mountain
limited
finance
pension
influence
afraid
murder
weapon
offence
absence
error
criticism
average
quick
match
transfer
spring
birth
recognize
recommend
module
weather
bottle
address
bedroom
pleasure
realize
assembly
expensive
select
teaching
desire
whilst
contact
combine
magazine
totally
mental
store
thanks
beside
critical
touch
consist
below
silence
institute
dress
dangerous
familiar
asset
belong
partly
block
seriously
youth
elsewhere
cover
program

treaty
unlikely
properly
guest
screen
household
sequence
correct
female
phase
crowd
welcome
metal
human
widely
undertake
brain
expert
perfect
disappear
ministry
congress
transfer
reading
scientist
closely
solicitor
secure
plate
emphasis
recall
shout
generate
location
display
journey
imply
violence
lunch
noise
succeed
bottom
initial
theme
pretty
empty
display
escape
score
justice
upper
tooth
organise
bridge
double
direct
conclude
relative
soldier
climb
breath
afford
urban
nurse
narrow
liberal
priority
revenue
grant
approve
apparent
faith
under
troop
motion
leading
component
bloody
variation
remind
inform
neither
outside
chemical
careful
guide
criterion
pocket
entitle
surprise
fruit
passage
vital
united
device
estimate
conduct
comment
derive

advance
advise
motor
satisfy
winner
mistake
incident
focus
exercise
release
border
prospect
gather
ancient
brief
elderly
persuade
overall
index
circle
creation
drawing
anybody
matter
external
capable
recover
request
neighbour
theatre
beneath
mechanism
potential

defendant
chain
accompany
wonderful
enemy
panel
deputy
strike
married
plenty
fashion
entire
secondary
finding
increased
welfare
attach
typical
meanwhile
clean
religion
count
hence
alright
first
appeal
servant
which
would
their
there
could
think

about
other
should
these
people
because
between
there
those
after
thing
through
still
child
become
leave
great
where
woman
system
might
group
number
however
another
again
world
course
company
shall
under
problem
against

never
service
party
about
something
school
small
place
before
while
point
house
different
country
really
provide
large
member
always
follow
without
within
local
where
during
bring
begin
although
example
family
rather
social
write
state
percent
quite
start
right
every
month
night
important
question
business
power
money
change
interest
order
often
young
national
whether
water
other
perhaps
level
until
though
policy
include
believe
council
already
possible
nothing
allow
effect
stand
study
since
result
happen
friend
right
least
right
almost
carry
authority
early
himself
public
together
report
after
before
market
appear
continue
political
later
court
office
produce
reason
minister
subject
person

involve	enough	around
require	programme	patient
suggest	minute	activity
towards	moment	table
anything	centre	including
period	control	church
consider	value	reach
change	health	likely
society	decide	among
process	decision	death
mother	develop	sense
offer	class	staff
voice	industry	certain
police	receive	student
probably	several	around
expect	return	language
available	build	special
price	spend	difficult
little	force	morning
action	condition	across
issue	itself	product
remember	paper	early
position	major	committee
little	describe	ground
matter	agree	letter
community	economic	create
remain	increase	evidence
figure	learn	clear
research	general	practice
actually	century	support
education	therefore	event
speak	father	building
today	section	range

behind
report
black
stage
meeting
sometimes
accept
further
cause
history
parent
trade
watch
white
situation
whose
teacher
record
manager
relation
common
strong
whole
field
break
yesterday
support
window
account
explain
usually
material
cover
apply
project
raise
indeed
light
claim
someone
certainly
similar
story
quality
worker
nature
structure
necessary
pound
method
central
union
movement
board
simply
contain
short
personal
detail
model
single
reduce
establish
herself
private
computer
former
hospital
chapter
scheme
theory
choose
property
achieve
financial
officer
charge
director
drive
place
approach
chance
foreign
along
amount
operation
human
simple
leader
share
recent
picture
source
security
serve
according
contract
occur
agreement

better
either
labour
various
since
close
represent
colour
clearly
benefit
animal
heart
election
purpose
liability
constant
expense
writing
origin
drive
ticket
editor
northern
switch
provided
channel
damage
funny
severe
search
vision
somewhat
inside

trend
terrible
dress
steal
criminal
signal
notion
academic
lawyer
outcome
strongly
surround
explore
corporate
prisoner
question
rapidly
southern
amongst
withdraw
paint
judge
citizen
permanent
separate
ourselves
plastic
connect
plane
height
opening
lesson
similarly

shock
tenant
middle
somehow
minor
negative
knock
pursue
inner
crucial
occupy
column
female
beauty
perfectly
struggle
house
database
stretch
stress
passenger
boundary
sharp
formation
queen
waste
virtually
expand
territory
exception
thick
inquiry
topic

resident
parish
supporter
massive
light
unique
challenge
inflation
identity
unknown
badly
elect
moreover
cancer
champion
exclude
review
licence
breakfast
minority
chief
democracy
brown
taste
crown
permit
buyer
angry
metre
clause
wheel
break
benefit

engage
alive
complaint
abandon
blame
clean
quote
yours
quantity
guilty
prior
round
eastern
tension
enormous
score
rarely
prize
remaining
glance
dominate
trust
naturally
interpret
frame
extension
spokesman
friendly
register
regime
fault
dispute
grass

quietly
decline
dismiss
delivery
complain
shift
beach
string
depth
travel
unusual
pilot
yellow
republic
shadow
analyse
anywhere
average
phrase
long-term
lucky
restore
convince
coast
engineer
heavily
extensive
charity
oppose
defend
alter
warning
arrest

framework
approval
bother
novel
accuse
surprised
currency
moral
restrict
possess
protein
gently
reckon
proceed
assist
stress
justify
behalf
setting
command
stair
chest
secret
efficient
suspect
tough
firmly
willing
healthy
focus
construct
saving
trade

export
daily
abroad
mostly
sudden
implement
print
calculate
guess
autumn
voluntary
valuable
recovery
premise
resolve
regularly
solve
plaintiff
critic
communist
layer
recession
slight
dramatic
golden
temporary
shortly
initially
arrival
protest
silent
judgment
muscle

opposite
pollution
wealth
kingdom
bread
camera
prince
illness
submit
ideal
relax
penalty
purchase
tired
specify
short
monitor
statutory
federal
captain
deeply
creature
locate
being
struggle
lifespan
valley
guard
emergency
dollar
convert
marketing
please

habit
round
purchase
outside
gradually
expansion
angle
sensitive
ratio
amount
sleep
finance
preserve
wedding
bishop
dependent
landscape
mirror
symptom
promotion
global
aside
tendency
reply
estimate
governor
expected
invest
cycle
alright
gallery
emotional
regard

cigarette
dance
predict
adequate
variable
retire
sugar
frequency
feature
furniture
wooden
input
jacket
actor
producer
hearing
equation
hello
alliance
smoke
awareness
throat
discovery
festival
dance
promise
principal
brilliant
proposed
coach
absolute
drama
recording

precisely
celebratc
substance
swing
rapid
rough
investor
compete
sweet
decline
dealer
solid
cloud
across
level
enquiry
fight
abuse
guitar
cottage
pause
scope
emotion
mixture
shirt
allowance
breach
infection
resist
qualify
paragraph
consent
written

literary
entrance
breathe
cheek
platform
watch
borrow
birthday
knife
extreme
peasant
armed
supreme
overcome
greatly
visual
genuine
personnel
judgement
exciting
stream
guarantee
disaster
darkness
organize
tourist
policeman
castle
figure
anger
briefly
clock
expose
custom
maximum
earning
priest
resign
store
comprise
chamber
involved
confident
circuit
radical
detect
stupid
grand
numerous
classical
distinct
honour
FALSE
square
differ
truly
survival
proud
tower
deposit
adviser
advanced
landlord
whenever
delay
green
holder
secret
edition
empire
negotiate
relative
fellow
helpful
sweep
defeat
unlike
primarily
tight
cricket
whisper
anxiety
print
routine
witness
gentle
curtain
mission
supplier
basically
assure
poverty
prayer
deserve
shift
split
carpet
ownership
fewer

workshop
symbol
slide
cross
anxious
behave
nervous
guide
pleased
remark
province
steel
practise
alcohol
guidance
climate
enhance
waste
smooth
dominant
conscious
formula
electric
sheep
medicine
strategic
disabled
smell
operator
mount
advance
remote
favour

neither
worth
barrier
worried
pitch
phone
shape
clinical
apple
catalogue
publisher
opponent
burden
tackle
historian
stomach
outline
talent
silver
democrat
fortune
storage
reserve
interval
dimension
honest
awful
confusion
visible
vessel
stand
curve
accurate

mortgage
salary
impress
emphasise
proof
interview
distant
lower
favourite
fixed
count
precise
range
conduct
capture
cheque
economics
sustain
secondly
silly
merchant
lecture
musical
leisure
check
cheese
fabric
lover
childhood
supposed
mouse
strain
consult

minimum
monetary
confuse
smoke
movie
cease
journal
shopping
palace
exceed
isolated
perceive
poetry
readily
spite
corridor
behind
profile
bathroom
comfort
shell
reward
vegetable
junior
mystery
violent
march
found
dirty
straight
pleasant
surgery
transform

draft
unity
airport
upset
pretend
plant
known
admission
tissue
pretty
operating
grateful
classroom
turnover
project
sensible
shrug
newly
tongue
refugee
delay
dream
alongside
ceiling
highlight
stick
favourite
universe
request
label
confine
scream
detective

adjust
designer
running
summit
weakness
block
so-called
adapt
absorb
encounter
defeat
brick
blind
square
thereby
protest
assistant
breast
concert
squad
wonder
cream
tennis
pride
expertise
govern
leather
observer
margin
reinforce
ideal
injure
holding

evident
universal
desperate
overseas
trouser
register
album
guideline
disturb
amendment
architect
objection
chart
cattle
doubt
react
right
purely
fulfil
commonly
frighten
grammar
diary
flesh
summary
infant
storm
rugby
virtue
specimen
paint
trace
privilege

progress
grade
exploit
import
potato
repair
passion
seize
heaven
nerve
collapse
printer
button
coalition
ultimate
venture
timber
companion
horror
gesture
remark
clever
glance
broken
burst
charter
feminist
discourse
carbon
taxation
softly
asleep
publicity

departure
welcome
reception
cousin
sharply
relieve
forward
multiple
outer
patient
evolution
allocate
creative
judicial
ideology
smell
agenda
chicken
transport
illegal
plain
opera
shelf
strict
inside
carriage
hurry
essay
treasury
traveller
chocolate
assault
schedule

format
murder
seller
lease
bitter
double
stake
flexible
informal
stable
sympathy
tunnel
instal
suspend
notably
wander
inspire
machinery
undergo
nowhere
inspector
balance
purchaser
resort
organ
deficit
convey
reserve
planet
frequent
intense
loose
retail
grain
particle
witness
steady
rival
steam
crash
logic
premium
confront
precede
alarm
rational
incentive
bench
roughly
regarding
ambition
since
vendor
stranger
spiritual
logical
fibre
attribute
sense
black
petrol
maker
generous
modest
bottom
dividend
devote
condemn
integrate
acute
barely
directive
providing
modify
swear
final
valid
wherever
mortality
medium
funeral
depending
classic
rubbish
minimum
slope
youngster
patch
ethnic
wholly
closure
automatic
liable
borough
suspicion
portrait
local
fragment
evaluate

reliable
weigh
medieval
clinic
shine
remedy
fence
freeze
eliminate
interior
voter
garage
pregnant
greet
disorder
formally
excuse
socialist
cancel
excess
exact
oblige
mutual
laughter
volunteer
trick
disposal
murmur
tonne
spell
clerk
curious
identical
applicant
removal
processor
cotton
reverse
hesitate
professor
admire
namely
electoral
delight
exposure
prompt
urgent
server
marginal
miner
guarantee
ceremony
monopoly
yield
discount
above
audit
uncle
contrary
explosion
tribunal
swallow
typically
cloth
cable
interrupt
crash
flame
rabbit
everyday
strip
stability
insect
brush
devise
organic
escape
interface
historic
collapse
temple
shade
craft
nursery
desirable
piano
assurance
advertise
arrest
switch
penny
respect
gross
superb
process
innocent
colony
wound
hardware

bible
float
satellite
marked
cathedral
motive
correct
gastric
comply
induce
mutter
invasion
humour
upstairs
emission
translate
rhythm
battery
stimulus
naked
white
toilet
butter
needle
surprise
molecule
fiction
learning
statute
reluctant
overlook
junction
necessity
nearby
lorry
exclusive
graphics
stimulate
warmth
therapy
cinema
domain
doctrine
sheer
bloody
widow
ruling
episode
drift
assert
terrace
uncertain
twist
insight
undermine
tragedy
enforce
criticise
march
leaflet
fellow
object
adventure
mixed
rebel
equity
literally
loyalty
airline
shore
render
emphasize
commander
singer
squeeze
full-time
breed
successor
triumph
heading
laugh
still
specially
forgive
chase
trustee
photo
fraction
whereby
pensioner
strictly
await
coverage
wildlife
indicator
lightly
hierarchy
evolve
expert

creditor
essence
compose
mentally
seminar
label
target
continent
verse
minute
whisky
recruit
launch
cupboard
unfair
shortage
prominent
merger
command
subtle
capital
lifetime
unhappy
elite
refusal
finish
superior
landing
exchange
debate
educate
initiate
virus

reporter
painful
correctly
complex
rumour
imperial
remain
ocean
cliff
sociology
sadly
missile
situate
apartment
provoke
maximum
angel
shame
spare
explicit
counter
uniform
clothing
hungry
subject
objective
romantic
part-time
trace
backing
sensation
carrier
interest

classic
appendix
doorway
density
shower
current
nasty
duration
desert
receipt
native
chapel
amazing
hopefully
fleet
developer
oxygen
recipe
crystal
schedule
midnight
formerly
value
physics
stroke
truck
envelope
canal
unionist
directory
receiver
isolation
chemistry

defender
stance
realistic
socialist
subsidy
content
darling
decent
liberty
forever
skirt
tactic
import
accent
compound
bastard
cater
scholar
faint
ghost
sculpture
diagnosis
delegate
dialogue
repair
fantasy
leave
export
forth
allege
pavement
brand
constable

filter
reign
execute
merit
diagram
organism
elegant
lesser
improved
reach
entity
locally
secure
descend
backwards
excuse
genetic
portfolio
consensus
thesis
frown
builder
heating
outside
instinct
teenager
lonely
residence
radiation
extract
autonomy
graduate
musician

glory
persist
rescue
equip
partial
worry
daily
contract
update
assign
spring
single
commons
weekly
stretch
pregnancy
happily
interfere
spectrum
intensive
invent
suicide
panic
giant
casual
sphere
precious
envisage
sword
crazy
changing
primary
concede

besides
unite
severely
insert
instruct
exhibit
brave
tutor
debut
continued
incidence
delicate
killer
regret
gender
entertain
cling
vertical
fetch
strip
assistant
plead
breed
abolish
princess
excessive
digital
steep
grave
boost
random
outline
intervene
packet
safely
harsh
spell
spread
alleged
concrete
intensity
crack
fancy
resemble
waiting
scandal
fierce
parameter
tropical
colour
contest
courage
delighted
sponsor
carer
crack
trainer
remainder
related
inherit
resume
conceal
disclose
working
chronic
splendid
function
rider
firstly
conceive
terminal
accuracy
ambulance
living
offender
orchestra
brush
striker
guard
casualty
handsome
banking
painter
steadily
auditor
hostility
spending
scarcely
pardon
double
criticize
guilt
payable
execution
elected
suite
solely
moral
collector

flavour
couple
faculty
basket
drain
horizon
mention
happiness
fighter
estimated
copper
legend
relevance
decorate
incur
parallel
divorce
opposed
trader
juice
forum
research
hostile
nightmare
medal
diamond
speed
peaceful
horrible
scatter
monster
chaos
nonsense
humanity
bureau
advocate
slave
handle
fishing
yield
elbow
sleeve
adjacent
creep
round
grace
theft
arrow
smart
sergeant
regulate
clash
assemble
nowadays
giant
waiting
sandwich
vanish
commerce
pursuit
post-war
collar
waste
skill
exclusion
socialism
upwards
instantly
appointed
abstract
dynamic
drawer
embrace
dismissal
magic
endless
definite
broadly
affection
principal
bloke
organiser
communist
neutral
breakdown
combined
candle
venue
supper
analyst
vague
publicly
marine
pause
notable
freely
lively
script
geography

reproduce
moving
terror
stable
founder
signal
utility
shelter
hitherto
poster
mature
cooking
wealthy
fucking
confess
miracle
magic
coloured
telephone
reduced
tumour
super
funding
shared
stitch
ladder
keeper
endorse
smash
shield
surgeon
centre
artistic

classify
explode
orange
comedy
ruler
biscuit
manual
overall
tighten
adult
blanket
nearby
devil
adoption
workforce
segment
portion
deposit
matrix
liver
fraud
signature
verdict
container
certainty
boring
electron
antibody
wisdom
unlike
terrorist
fluid
ambitious

socially
petition
service
flood
taste
memorial
overall
harbour
lighting
empirical
shallow
decrease
reward
thrust
wrist
plain
magnetic
widen
hazard
dispose
dealing
absent
model
reassure
initial
naval
monthly
advisory
fitness
blank
indirect
economist
rally

strand
stuff
seldom
coming
actively
flash
regiment
closed
handful
awkward
defect
required
flood
surplus
champagne
liquid
welcome
rejection
sentence
senior
lacking
colonial
primitive
whoever
commodity
planned
coincide
sanction
praise
dissolve
tempt
tightly
encounter
abortion
custody
composer
grasp
charm
waist
equality
tribute
bearing
auction
standing
emperor
mayor
rescue
commence
discharge
profound
takeover
dolphin
effect
fortnight
elephant
spoil
forwards
breeze
mineral
runner
integrity
rigid
orange
draft
hedge
formulate
position
thief
tomato
exhaust
evidently
eagle
specified
resulting
blade
bowel
peculiar
killing
desktop
saint
variable
stamp
slide
faction
enquire
brass
eager
neglect
saying
ridge
yacht
missing
extended
delight
valuation
fossil
diminish
worship
taxpayer

honour
depict
pencil
drown
mobility
immense
goodness
price
graph
referee
onwards
genuinely
excite
dreadful
grief
erect
meantime
barrel
swing
subject
slice
transmit
thigh
dedicate
mistake
albeit
sound
nurse
cluster
discharge
propose
obstacle
motorway

heritage
breeding
bucket
campaign
migration
originate
ritual
hunting
crude
protocol
prejudice
dioxide
chemical
inspect
worthy
summon
parallel
outlet
booking
salad
charming
polish
access
tourism
cruel
diversity
accused
fucking
forecast
amend
ruling
executive
clarify

mining
minimal
strain
novel
coastal
rising
quota
minus
kilometre
fling
deprive
covenant
trophy
honestly
extract
eyebrow
straw
forehead
lecturer
noble
timetable
symbolic
farming
librarian
injection
bonus
abuse
sexuality
thumb
survey
ankle
tribe
rightly

validity
marble
plunge
maturity
hidden
contrast
tobacco
clergy
trading
passive
racial
sauce
fatal
banker
make-up
interior
eligible
bunch
wicket
pronounce
ballet
dancer
trail
caution
donation
added
elaborate
sufferer
weaken
renew
gardener
restraint
dilemma

embark
misery
radical
diverse
revive
lounge
dwelling
parental
loyal
outsider
forbid
inherent
calendar
basin
utterly
rebuild
pulse
suppress
predator
width
stiff
spine
betray
punish
stall
lifestyle
compile
arouse
headline
divine
partially
sacred
useless

tremble
statue
drunk
tender
molecular
circulate
utterance
linear
revision
distress
spill
steward
knight
selective
learner
semantic
dignity
senate
fiscal
activate
rival
fortunate
jeans
select
fitting
handicap
crush
towel
skilled
defensive
villa
frontier
lordship

disagree
boyfriend
activist
viewer
harmony
textile
merge
invention
caravan
ending
stamp
stroke
shock
picture
praise
garment
material
monument
realm
toward
reactor
furious
alike
probe
feedback
suspect
solar
carve
qualified
membrane
convict
bacteria
trading

wound
cabin
trail
shaft
treasure
attribute
liquid
embassy
exemption
array
terribly
tablet
erosion
compel
warehouse
promoter
motivate
burning
vitamin
lemon
foreigner
powder
ancestor
woodland
serum
overnight
doubtful
doing
coach
binding
invisible
depart
brigade

ozone
consume
intact
glove
emergence
coffin
clutch
underline
trainee
scrutiny
neatly
follower
sterling
tariff
sunlight
penetrate
temper
skull
openly
grind
whale
throne
supervise
sickness
package
intake
within
inland
beast
morality
competent
uniform
reminder

bargain
decisive
bless
seemingly
spatial
bullet
overseas
cheer
illusion
instant
swiftly
medium
alarm
jewellery
winning
worldwide
guerrilla
desire
thread
prescribe
calcium
marker
chemist
redundant
legacy
debtor
mammal
testament
tragic
silver
spectacle
enzyme
layout
dictate
regain
probable
inclusion
booklet
laser
privately
bronze
mobile
metaphor
narrow
synthesis
diameter
silently
fusion
trigger
printing
onion
dislike
embody
sunshine
toxic
thinking
polite
apology
exile
miserable
outbreak
forecast
timing
premier
gravity
joint
terrify

Appendix C

附录 C
完全随机

对于我们人类而言，很难做到完全随机。在随后的几页中，列出了一些随机的字符串。当你打算降低自己口令的可预测性时，这些随机字符串可能有用。

这个随机字符串列表可以在 www.syngress.com/solutions 下载。

163 553 3i2 9y7 q47 447 89O 669 S8x 4X8 29B 92Q 271 G48 667 791 171

355 949 c47 Q3B 924 844 824 988 987 616 791 Q37 584 j92 139 w48 842

4g7 7L9 YC3 6F1 237 944 8wc 332 156 286 w66 531 185 8WZ gy3 288 815

148 aWj 856 972 723 k8d 298 561 P18 L17 476 5O8 841 869 712 I87 1S6

9t4 RqO 765 zRk 8y9 792 4o1 844 224 dT6 5T3 953 129 416 4SI D3s 97u

332 2W5 s86 581 742 4C4 842 7w7 791 O87 t29 Z19 128 6hC 346 219 747

34L gC8 J37 bx9 22b 536 139 251 sx9 161 56X 371 s35 254 8rD 922 782

949 Q2x p96 65G 611 561 794 194 wa1 685 235 4v3 h2a 7t8 ty8 224 257

321 8B3 995 936 623 832 7p8 77C 811 345 341 696 328 423 936 j29 u6N

124 856 T27 113 B1m IzD 3J2 d69 o2w 266 8g8 781 498 8c9 142 373 848

243 3AX 39j ZO7 378 9r1 686 8U5 3P7 167 7R1 483 14x 725 872 159 93n

3n2 U12 69y 99b 371 639 475 1r5 Hv8 853 sA4 643 655 82I 6R8 L31 394

97p 5i1 45C 959 929 958 8d5 746 6Pr 7Hl 3on 863 MYA 95T 6tS 435 979

21u 778 1Vs g3E 65g 11M 9x8 28s 9jD 48v 6N5 97W 6C9 335 ML3 93H 97j

811 8a8 67v 216 279 4h2 592 1k5 724 389 m47 4z1 412 o94 743 565 F1d

Oz4 1D8 8f4 y1k 2V2 2b8 x73 35D 3AZ 9w4 9j6 583 z7E B35 953 947 329

5W6 218 616 m67 2aa 891 1c4 663 271 9v3 Vsg 8Tl 482 4cZ 513 MaV L41

r4L 77f p64 559 48f 37S 7x5 T75 841 2B2 625 113 g46 c48 13P 1W1 2on

5L3 x2B 895 64C yV1 342 F42 h4v 1W2 76N u9A S66 sZr 76F 264 W73 953

4Lz 8UL 381 857 262 i3e 462 935 2B4 148 6S2 287 1w1 B74 v5Z 52d 211

7A1 218 27Y 7L1 6m8 517 816 6P5 VBy 2d9 187 qr9 811 547 547 4kX 985

819 923 87v 557 55q G29 Z56 599 125 821 9EP q63 83R 966 v77 8YQ 457

4fc 334 94U 21w 368 137 358 M59 71R 398 577 6X5 424 8Ii 7S6 7K8 3e3

42s 927 E75 Os5 16y 9Y2 156 451 z6E 474 34W 349 371 9O9 439 421 519

755 3dB 924 D84 154 y28 91b 528 o24 396 433 487 S19 oX5 179 831 B36

879 174 596 t66 T7M 79W 319 183 564 j56 1D2 n69 412 627 634 226 uN1

6e3 5By 196 555 19S a41 629 7x5 4K9 993 797 L47 773 N3E 46r 663 91E

452 545 869 692 868 Iw5 898 8H4 f48 273 416 tR5 66q J44 426 616 y38

952 7Q1 6gi 345 L12 382 7m6 p44 9h8 I5H 4v2 f47 118 l5H p97 ta4 SEP

752 GR6 882 17B 614 477 1D3 Z19 1oO 5c9 377 4JE W37 2k1 4C9 484 7L1

Bx3 433 s92 112 812 858 639 q42 498 Y23 72z 3J4 967 27y 374 562 285

569 m2K y3P 57C R5O 413 625 793 83P 143 866 u93 o62 6H2 8P9 352 133

2q7 767 7YH 2Ua 2Uy L49 872 47P 451 195 986 Z58 4j4 61p e2u z97 Ko7

x16 665 878 c93 446 424 586 f97 649 761 735 7p3 922 3T2 j24 P57 4K5
657 954 444 m66 b79 9aF G73 422 22g gU6 655 159 536 652 e86 189 9b6
ob8 959 1T3 244 7s2 o59 W47 276 Cl2 129 N74 66Z 246 2J1 1Xd 412 643
n8F 745 443 666 618 749 688 94b 5j7 2GN 331 K39 9mI 132 d76 a47 368
458 261 137 lD5 3w6 33y J88 6s4 155 4z9 U11 L71 3P1 799 991 869 919
672 f21 hI1 3s2 A93 373 5p7 r99 245 118 393 A65 569 3x6 738 2O1 X1a
83f 267 444 428 263 84a 657 565 143 8X8 k85 489 994 18W 324 468 89M
P7d 341 p78 Z55 14f t13 635 S29 34F yb6 184 257 745 844 442 2N8 151
112 R79 294 m15 Vv2 61v 643 2R8 696 511 87C 43Z 6dT 965 T7k 424 E44
212 43z 33j 643 515 e69 225 77n 5O1 p34 412 V34 Nc9 K62 GX5 577 884
6J7 473 T72 232 7y8 m84 Cf6 638 k4v 55r w29 871 221 D88 653 5i9 48F
575 267 126 nC3 h53 O3d 228 6kz 95B 677 236 944 852 388 377 U3I 877
143 AhS 3W1 277 52N n14 764 4G8 64I 376 K95 262 L14 231 I56 Q65 H57
788 R89 C93 85q H1A 3X9 U49 t42 155 796 4N7 23C 585 3T6 b77 72J 346
kX5 785 Dyp 118 945 75a 378 174 k29 m71 3e7 z52 12A c38 676 cb8 f24
8b7 18L 219 119 2K7 6i5 25q 691 33V 7C5 FVA 366 96t C45 172 G81 49y
336 A68 43Q 1M2 759 388 958 363 I51 z26 6Z6 Z93 C17 585 135 868 61z
4OC 69r U6x 348 42i 425 821 319 3h6 623 54r 83j 16p 4Q1 338 782 998
145 315 AH3 448 769 7s7 6h4 891 575 71T 478 172 227 427 1wa 35T p13
232 482 2t3 7X9 2O2 22u 235 342 k55 298 qx6 784 98j 845 u95 5em 4G2
927 c4t 5X8 cai 594 26M Y3R 758 6F1 37C X99 2NV wE9 E4O 623 934 723
34k 391 585 572 559 l2n Fk2 N6T 1VW 7X5 y89 6m1 791 c28 U45 G94 159
59f 71C 411 33o g63 82v 2t5 552 126 emB 184 Z16 4yy 39H by7 VK6 448
cm1 846 n87 958 947 295 434 813 2L1 e52 949 756 447 w6D 428 775 265
f55 78C D4i 98o 282 L77 776 38h 842 354 QJ6 995 198 i41 EO3 485 271
N4s Z44 334 f39 589 pD4 f5v 7c3 467 Cz9 h21 168 398 797 Q33 4U9 59w
1To 314 884 237 631 5Gp 75D 238 58N 166 5V2 F88 k71 1LZ 774 Z2E 595
5AE 392 6lx r25 846 798 A74 L12 635 99R 56S M8i ZJ8 F4p 76O 7v2 665
95Q 444 8Gv 5X8 7I2 986 A92 262 14i o2S 687 771 832 843 o5K 45W W2P
452 T5z q65 4Zl 9S5 3Z5 497 565 4Z3 121 k47 854 933 6D6 KD9 94M R9a
1N2 4I6 773 6e4 946 473 77L XC9 m94 153 T8F 351 8X5 119 q29 A6j 4T4
5pY l8u u73 83q 177 u1F o25 867 24m 439 75q 755 493 383 915 223 88S
2HK 558 45l 951 886 93D 275 e87 644 236 222 4x1 13r U84 755 1W8 GgJ

212 448 216 t55 432 743 592 1f8 8j4 3j6 b8K 931 263 486 6J2 q99 J8q

474 bPO 4d4 4m5 2w7 615 768 1s2 N62 4I1 963 739 46C 378 257 2B1 x1w

234 645 3m9 P2q 177 765 Mk3 174 845 178 734 1r3 958 149 751 77W 221

8y8 875 Zk2 qQ2 xo8 5Y1 H1T 957 159 b9d 37O 4LY vk9 3b6 973 3Z3 K63

583 178 gm3 98Y uz6 11A 644 931 8z8 Z9W 724 d91 863 mMc 193 547 m22

851 769 31F 543 333 1d6 22V 6Z8 z5I Ij7 eH9 1k7 61s 9Z6 76X 969 192

rXm O51 637 878 w91 244 4X3 89F 557 829 932 754 131 57A 524 gC7 S11

468 8j2 t49 936 O19 8bV 577 954 1Vh 37O Vy8 5V6 387 29o 91X 612 3VJ

876 4R3 E89 Z8B 5p9 629 4z6 757 x36 295 Z6B 787 U6M LZ2 127 J99 7c1

J98 957 178 5IM 692 9C1 HZ9 186 94T 397 156 375 551 5f7 19O 9T4 855

381 PV4 334 1s4 O91 8c3 l94 r8R 6jB 1HN F3P 585 b82 4J6 j99 764 226

56s 586 59F 481 a35 685 3X9 155 7Z3 Pe4 21T i76 1Q5 7o4 46G 1z6 J6x

5d2 C83 521 847 515 o99 185 867 ri3 647 68L f79 153 6D3 5Zw 646 l78

3Z3 827 641 Z52 2xY 54k x41 Y94 671 4j6 t6i C2t 289 497 4d4 N9E 2wT

17w h18 586 jo8 356 652 482 1M3 18g S59 i51 8e1 363 F93 ig9 411 9J9

714 135 731 3Vb 544 736 9O4 873 834 156 84m 334 559 4D5 6I9 685 274

7D2 747 815 919 452 p26 N51 198 1B6 38v 485 865 94k 498 883 293 592

331 52o 896 363 112 115 764 8o2 7O1 345 9CQ 3g2 316 86F 6v6 54a 592

445 686 138 41D 192 368 9Fe f11 763 276 276 CD2 473 327 378 1EY 389

9j7 726 239 4NO 619 w43 975 75K 57B 339 721 S27 4Y7 211 e61 l87 464

21I 519 68T 314 122 8I9 248 65P 34k 6r1 8s5 413 968 2j2 856 175 748

97T 391 836 476 V41 T95 b4E 844 849 z78 3A2 ej1 v49 418 228 G51 895

817 641 378 934 P47 394 Yu3 8K6 8Kj 528 44A 17d y2A 18j 647 y59 Ska

I9o 415 366 b5c 49M 511 648 87y 155 G39 754 722 848 8M9 472 6z1 589

KA6 38w 733 179 E83 651 434 571 69v 2f2 594 anx 113 748 313 35m 6Tw

4yi 8P5 327 5v8 5l7 9n1 175 28E 127 4d3 4B4 419 M18 W12 56v 161 679

8u3 939 e37 le4 515 194 122 s45 997 H12 s29 48O 3b6 K19 185 697 892

165 161 387 761 837 7dE 8Kj 996 47N 248 745 122 q61 659 281 55n v29

928 sIz 7g7 1T7 8W3 Gs6 16S 4s9 T2E 4i1 KQ3 892 75e 72N 5b3 757 875

816 A32 u4k 915 221 5H5 216 692 2A5 249 61O HU6 551 687 7m9 295 853

955 85h 873 783 635 931 851 715 461 861 QuH 231 585 74q 742 875 2m4

i98 433 4E1 874 596 3H7 116 337 963 434 459 4z7 D58 46V s54 JbF K75

922 m37 A61 727 882 615 563 5A2 778 13J 997 B95 6at 677 144 Q37 S6k

b36 C15 754 dL3 493 261 213 83I 275 3h6 257 86I Z87 915 W33 64f 1Z2
913 857 un1 15H 596 9B8 752 g8y 516 58d 394 555 677 757 Yp7 5gK 618
563 495 e3I i8D 214 d68 7x4 742 8U2 169 5P5 R37 ak1 c79 55y 282 t26
468 2A4 558 84V 111 8f6 288 283 1g6 u22 247 38H BI8 12y 136 jT5 185
2mD 911 h98 j74 o1a 14k 926 716 u24 vb6 5A3 928 42F 37m c28 3N5 13T
m12 4a9 U76 8m6 GH6 988 597 745 268 32F 656 4z5 3j4 345 H13 396 uB6
s1Q 56Z 1g5 LC3 814 426 9d4 456 2X8 NZ9 51d 52Y 812 311 4x5 459 Co3
em8 b49 159 F43 P67 1G4 D54 492 1v2 e65 6v5 wE9 31g 826 43j 364 338
9W4 7zY 366 7e8 8fv T82 P13 139 159 2hW L73 P9v O27 769 82R 5J7 825
9Y5 875 U27 e5q 983 6T7 4r9 876 342 829 134 15u 8I7 865 978 538 7Np
Y4c 895 L1f 332 13V lnS MW3 82j 435 X35 236 Zc1 6fx 896 854 5Q2 39v
455 73M 1y2 472 4rH 44v 423 2R8 y78 271 792 268 1z7 bac 349 6G3 111
668 z1w 6Z6 887 15L 999 164 778 i18 292 539 836 431 c52 b42 u45 o37
181 365 444 923 2H1 985 1r3 S31 7X5 143 693 738 733 668 2j8 Ga7 1N7
427 188 744 134 326 k19 173 8O9 17W m12 9z9 g72 71I Y98 6k8 72G 772
55u 925 Z93 H5N 7i1 142 288 617 4Ro 155 52j 597 83e 684 8k6 682 962
741 793 E43 415 98s 2U6 55g 99M 356 429 7x8 X33 854 B59 T7I 35E p3M
f94 29d 145 937 Wk5 6O1 93n 549 596 438 33q wq1 G29 127 8Kd 76f k96
8E4 71X m29 8A7 327 692 6H3 482 325 I85 Y13 743 715 Ud9 37V 518 4u2
38X 13Z 18g 842 98B 259 188 b75 255 w74 2s8 O95 31F i94 33u 364 c13
345 V88 I4H oh6 46C 825 623 581 U83 544 u12 882 57g 5ve 756 678 95x
6A9 16T 4I5 547 2c3 973 P83 T36 3D6 12V 915 k4y 9d2 267 27Z 915 56d
5k8 4i1 828 1v2 186 492 93s 579 36M 845 214 562 517 i23 Pf1 AKe 341
487 891 343 P25 s8u 457 88V 371 Sw8 2G7 56M 3vM 797 671 483 MI4 B8Y
487 914 496 87I 712 2r5 33b 5X9 9J1 9sm 566 74k x63 424 9Gz 115 741
6X5 56E UiA F1o 9J9 617 3W9 522 Fs9 935 Z2t 65F c48 61v 425 546 816
1L5 f26 987 8Cw 426 657 588 986 97z 967 KP3 512 56k e26 c96 v67 973
6k8 5M1 912 c2y 249 73B S86 523 116 73H 1v1 49F 641 D78 475 A32 6p6
V71 272 822 F81 z37 2T4 1m6 427 982 W42 478 m94 636 847 3z7 Y57 9s5
15q 6TE GE4 853 beZ TnL kSv 556 b22 62G 1a9 41L 63W p82 263 541 s51
587 P9s M1m h31 6L3 861 226 51d 587 31a 194 168 127 87F 274 2SF 38j
451 7p2 18z 748 937 3M2 7sw Sy1 731 P4k 6Q1 YI6 257 626 e95 52h 676
42c 5g1 w99 943 b78 b79 883 674 85E 3Fr 752 ab3 377 327 2M8 177 6q1

22W 331 426 Y16 6N7 14n 35a W66 6R2 bW6 373 pk5 5s5 3aK 964 d99 879
371 231 398 36d 172 74N 34R 786 142 1Zf 68q g72 t3H 241 n45 562 144
739 4Ly 655 493 916 779 985 727 325 79f 6AU 676 27g 911 7J3 59O 549
163 9k5 6H9 3Z2 i11 51E 463 72L 296 521 291 287 183 335 2h9 221 5p6
22o 6b9 D6I 213 298 g34 put 187 55Y 476 e44 293 R48 12J 31x 176 779
638 32G 7G7 8v4 174 32X 225 698 18T C71 6Ld 155 2R3 893 78G 6e5 381
393 8uI 835 819 693 522 4y7 7N3 Z88 e42 716 479 59g 629 343 d66 L75
219 Cg7 35n 793 676 Kdf 694 2cT 961 75A 69r 518 352 8OG 855 149 637
182 122 267 M23 1J9 973 I77 872 v4X jR2 699 927 F74 527 643 327 51z
Gj6 328 h4W P47 47w 235 539 Pm6 59B 99p 43S 874 833 L53 91d 375 6B9
d24 153 477 4X3 vE3 458 O92 OH1 5b1 764 64L 74N 3I4 618 6b7 28Q 824
179 Y2d 2G9 x72 64u 8S3 233 71z 3t9 818 434 599 355 o18 512 134 993
8wq 592 921 5A3 33X 567 Q6D C91 959 316 431 743 56W L93 75Z 661 8RV
147 I2n 52Z 4S8 861 113 594 o33 831 T79 i13 5h7 487 114 177 963 697
87Z Gu9 M78 kn2 s84 k2L 6m8 68q 8W7 486 658 3Lb 954 9J5 136 95f 131
3mk 841 826 8z3 67c 516 1ZN A19 Tr8 2T9 828 b86 7Q5 926 5BB cDB 7uF
438 381 699 45d 7E8 896 48D G64 2g5 945 g21 o95 71W 244 429 6i2 57K
28T 784 5i7 647 uZ8 31q DAz 34B 2p3 75i 693 J5q 471 UM5 257 1AV 3e9
i9R Ld3 443 U4Q 511 332 386 748 278 667 4U2 292 277 931 717 98K a77
647 44M D8i 987 3z2 VFh 11t 79J 646 5Q7 674 588 549 137 WZ3 226 d93
667 258 155 246 474 118 4F1 525 55u 522 871 789 6qu 787 26B wA8 8B4
6Z9 451 3n3 953 4a1 351 8J5 W29 9P3 F5H L86 zM1 929 152 697 S44 88U
283 368 h8G ZR8 7o9 B6p 921 986 f71 689 582 461 8Q5 t1l 358 414 291
418 9g4 1G5 69h 332 138 832 981 1z8 454 842 S18 8m3 9e1 M91 E55 M7n
125 524 852 6AW u48 M9M 976 823 284 76d 2P6 z96 FX6 947 13p 317 811
8D1 L25 357 7g2 219 8zG d2R 9R6 831 9W7 72z 6dZ bs4 181 754 388 654
X9R d14 626 564 7C4 45n 3z9 321 8b1 F18 E11 26G 889 Q27 555 544 5L5
857 h13 7Rn 638 17X i77 47P iE7 874 538 28N 893 5B3 s32 724 66N 164
961 Q44 672 735 8YB 887 441 jn7 r6n 199 717 589 4Z3 989 922 d19 687
932 43X Y75 s98 5TG 825 332 843 665 22a 851 896 345 357 585 b34 332
uIY C12 434 C14 4s3 3v3 273 8P4 qg7 689 59t 449 g5G g31 315 4O9 22t
gI5 84x 135 5f6 487 x35 568 g8m 1Ms 19N 515 6P1 bI9 685 692 1u4 889
388 25h N87 397 414 EQ4 j55 y89 1P5 d12 435 1s7 293 3V5 r55 27u 64s

94c 76P 125 154 h84 734 eu2 81l 7N5 41k 951 413 865 199 w85 3x5 fz1
9rf 168 81m 888 521 77x 92f 9v4 495 8R8 h73 99s F85 949 1f3 47B 913
4R2 78e 9Cc J28 557 538 C87 356 17g 449 473 8F8 P71 K13 Ac2 595 317
889 F2G 226 r47 822 P19 891 375 e78 391 C8E 22C FHD 735 454 B24 119
7fI Z31 91n 714 925 r29 142 912 889 298 6x6 945 6v9 jY3 395 iW9 633
136 eV9 253 651 492 979 69y 475 642 AA8 1qW 985 491 S49 433 158 8Oo
399 489 6B3 184 7lr 839 286 e68 696 655 8W3 9S2 435 YDT r4K 62T 26W
953 92v 551 X9s 264 89b 127 MT1 H52 KFm 89I Yk9 C4y G99 577 Q59 4R2
882 F66 OHX 616 q5N 586 5c1 754 466 7BD 448 h93 71R 439 777 343 987
281 682 763 5N2 S56 n98 2sK o2D T17 C27 272 59W 723 E4Z 737 782 8Q5
831 918 1Y2 87D 276 255 8GN SS8 818 36q g11 596 9e6 437 374 e6V nij
612 652 416 7V2 c56 259 515 652 655 55c 6B1 921 495 pX4 17U 252 5c5
55m 812 858 zeX 61p 8i9 813 222 976 793 523 5q5 19M Hk7 2r8 928 n38
q79 26I 466 442 9I6 I27 392 49A 1a8 294 1dq 872 9U8 535 588 1k2 R22
8o8 463 7o5 391 779 436 885 448 W65 r9M 87j 273 v44 723 312 8M4 462
221 I9n 796 745 641 858 626 472 f44 4n8 235 3p2 6Q5 283 266 839 o8z
86u 61x 4w3 onS 592 658 349 9A8 6I8 c68 918 847 73X 64U 1R8 Xiy 775
878 89z v45 w64 6H4 727 848 297 484 7N4 289 44q 734 818 71C 291 25z
G62 572 512 548 5E8 7m4 332 y86 O13 7P3 372 539 2r3 872 8br C1A 115
y29 843 o87 H48 678 1T6 J3a 672 631 5f6 s92 E82 819 Q89 534 573 418
649 844 84E ohu 742 P92 885 711 9t2 984 327 817 954 66D 221 149 44y
j63 177 9n1 827 15a o51 8f7 T54 4fD 735 3OV 49d Z57 494 oS7 33D 273
992 v65 6c9 C27 926 X18 85D 267 C11 523 55d 743 114 79z Rd7 599 457
94n 37J 84S L4W 42g 981 5g9 188 M97 74D 9H4 336 32A 477 388 I39 k3J
9w8 n25 462 518 758 ZBt 96M 541 928 d63 652 581 824 71L X44 eF9 2P5
865 R8v 223 426 229 717 J45 81A 55u 3a6 5X7 473 178 u6x 4F8 q3W 4W1
526 217 e87 48q 946 682 298 282 Qv1 6a8 271 5Y5 647 T45 32U 385 683
541 61s 94e 361 818 6q1 583 U26 45B 725 89W 414 8W2 224 412 934 396
T7I 5r8 421 313 l38 161 444 Z43 147 O71 377 7L7 6z3 913 G32 398 Yb1
613 339 639 h89 25Y 268 R42 987 575 1m2 262 133 212 264 691 P12 963
277 8Vp 365 o59 557 6Un 7yu 5y4 E55 2d1 6pW A34 864 176 243 FJ5 D32
757 D12 U78 N3K 8f1 O72 795 726 522 517 fy9 7R8 7KF 199 256 8X9 943
514 4Sw Q48 T39 35x 165 l71 PX5 5Ne 4Dl 747 562 771 2ce 176 kq3 EIU

452 2Tm 793 314 75V 953 277 D1X g4a J6b 91b a35 7o9 7D6 461 MH3 93S
328 6T3 751 L3M 988 757 194 455 823 wl5 348 516 519 7a3 48N 7p1 1Gz
244 417 nd1 vNs 3MK 3XI B72 C28 9h1 393 R49 899 813 219 2q8 319 933
b66 3AU p66 44L 736 67v x81 527 55K E28 3u7 h64 81s 428 7TR 24J 87F
191 K41 498 756 566 I71 757 344 877 158 646 Z76 Y4u 5YW 672 X2K 133
4tB N98 386 r34 259 X86 S2x I1A 28d IBQ 435 837 819 1z7 9p1 aS2 q64
921 Yc3 71w 961 5L3 993 917 558 236 468 e29 48X 3x2 2Z1 g99 Am6 294
91O 948 B53 R21 982 855 4D5 453 187 479 511 6L7 v48 669 f14 31A 95g
897 8Z8 465 525 88I 193 K63 825 161 779 225 639 132 9qP 899 AAz 745
mm7 w44 b75 92P e65 8Cn 493 415 54g 559 3S3 34R h79 576 d6S 16Q qD7
4Ec 5wR 1gB 587 hd9 5Z6 4E7 345 5D9 Gq7 4Xs 363 t38 96I 8f6 388 3S1
63x QG3 596 829 434 G9T Hs8 956 f9h 296 481 7a6 748 e61 116 412 336
674 R48 513 N84 678 6e8 Ia7 S93 68O k86 7hb h24 137 54s 3PW c74 85m
215 831 1vj 995 89k 12R A79 311 965 Ya7 683 684 337 7b8 t61 2t6 o11
V78 697 611 758 y31 645 K77 663 5w1 93B 7gd 381 511 Y27 D1r 8i6 124
7d6 979 129 1T9 bW6 767 5FW xj6 516 525 4b8 6o2 226 3r2 752 yVi 16j
z78 H72 381 379 675 9r3 7V4 11K r57 314 764 C24 7F2 347 79C gJU 6e1
31N 363 m2S 755 439 449 139 E58 15I 557 N32 X3F 223 764 186 647 7a4
55p 324 634 a26 77E J92 239 399 761 U92 493 858 442 U54 55o 578 d79
51g b8u 2g3 2A8 219 y2V 9WN 792 H27 nK2 193 rvp 53h 357 7xI qs1 k96
518 D3p 2n8 888 46K 868 Q9S 388 1v9 38T 1k2 225 6r5 D96 492 4s5 427
619 211 551 523 6Y1 7p1 SL5 8I7 38k 857 672 887 867 9t1 486 936 t29
I93 252 29h i5F 34P 7Bt XGm 6gb aJ1 438 244 68s 815 21z 715 857 TV5
373 73g 87N 333 3v4 364 445 142 A71 z91 Ao6 123 376 179 5Z6 581 394
6W3 58n 5s9 54r 29c 8B4 853 OBc 927 q18 661 iN7 v4v 491 j33 4Oj T34
i22 758 64d 5u7 P6W 3Cp 183 6f1 129 411 771 732 95X 918 z86 s84 818
739 K63 di9 3K5 56G 28W 2n1 3J3 144 T55 Svn Q22 6OQ 242 559 M89 631
853 452 3e1 519 6Z6 9f8 11e M89 K72 da8 m31 1O4 462 129 46u 4p4 54B
83s G16 U48 878 286 3QQ g78 785 61d 756 6Z1 827 71j 747 N95 zpY 6o1
953 y17 24e 133 HL1 3X3 432 971 126 9Y9 26z 774 575 o97 4Y5 S92 e72
RE6 R7U 92q X62 67V 82P 7I3 76s s62 R78 91t 3h9 667 617 811 3Jq 594
C73 224 1N8 738 4Q5 489 891 Ye4 28s 2n6 e19 771 932 256 5IX 55S 5p5
L32 497 364 78o 411 292 39c 524 377 268 r59 96t 135 668 367 N11 5u3

858 z44 716 1H9 4g5 354 x85 47G 949 359 59H M9R 345 4le 48T 51h 511
164 KU9 3fr 585 B3W 813 92F 31w 285 e41 6F3 913 823 644 6Y8 643 97t
567 2Vf 759 n17 124 249 685 69E 641 9N4 766 479 FKv 2K1 368 V48 U48
847 813 8P8 8g7 V72 111 9W9 164 484 231 995 9O5 BrG sj9 922 Kb7 795
622 9Sn u84 9g8 6C3 m31 633 386 97R M32 na9 O38 358 sN7 854 876 915
62Z 112 531 158 848 93N 88Q D1E 62e 73Q dU9 6h9 555 88j YiK x73 675
189 917 4eL 8a3 26b J81 G13 834 326 665 624 569 889 5r5 343 II8 b5p
1S1 887 1J2 4I3 747 3d3 C58 372 828 74b 156 885 875 781 596 8T9 jg9
415 B84 E52 538 1N5 eLI 6Z1 b36 e75 835 171 3bR O48 6Z7 hE6 857 2tk
829 o3r 9TC 79O 37M 234 75A 86z 294 IC6 5O8 452 z76 o5k 23m 742 617
674 424 661 688 497 927 g18 758 411 9Sb 474 S83 7IU 3z3 2T1 D41 i56
CxI c46 7B2 W78 a85 L4R 9V9 884 485 76Z 529 V15 x27 556 443 373 55m
28U 659 118 623 h9v 19S D65 595 O85 352 549 892 744 4y8 8B3 a32 273
Ad9 9m2 769 63T 417 b9L 924 5q4 278 45m 26I 455 7p2 R51 Kp2 664 2b6
738 8p5 246 314 513 131 K3d 432 p37 163 483 376 7h4 138 k3y 951 979
4Y2 253 f79 142 9H7 6R8 642 452 345 e5p 358 724 Y15 99W 7b8 p88 5H2
452 8mK 3U6 229 3JR 9Sa 6A9 87D 718 1d5 w48 88R 8HZ 33o 997 162 56G
25r 323 241 419 2fh N42 8D2 c96 773 869 2J4 199 575 5pK Z79 357 192
4V7 629 96h 178 263 266 338 X94 418 fq1 99N 9y4 378 V45 2B9 H46 C62
R52 c26 7T5 439 849 532 F74 WM1 5a7 99b 8a7 981 2S6 c26 97t 886 42U
887 G43 e75 447 179 977 1F1 96w s77 1GC 2mv 251 s41 O51 314 316 198
693 XU9 498 146 125 X37 7Ul 748 725 257 244 952 57o 3C9 285 56w 58i
R5k 52A L91 331 y65 95G 372 26s 8q9 f31 Fo6 851 k4a 249 698 2K4 124
744 477 2vI 844 7u9 562 157 1s5 699 4R1 619 899 437 227 761 813 959
235 Vx1 62E NT7 Pm4 7b8 94x 856 4y9 541 3q8 8o7 391 84Q 213 F63 11H
68H 46B 422 941 42s 158 64R 927 981 541 S17 463 l69 489 97u 583 z15
54L 251 26C 815 6r1 5f7 621 9I3 269 w29 125 262 K76 735 z73 neR 369
937 e3w 1ns h51 Mq3 88r pq6 973 5a2 79g P5u f76 642 231 118 w93 8l2
148 g77 892 999 93j X49 152 658 53D a33 B24 123 R12 ci1 63g 819 kRK
32t 76N 958 947 863 8Gm 3a2 S28 hY2 216 1o5 746 954 bEs 188 167 8J4
767 818 G16 D14 mw1 27A CaB 39I vZ2 8U4 878 857 q98 SY7 E71 2Y1 178
921 93n 974 135 3O2 U23 745 8A7 83z 927 494 h4x M97 429 487 881 671
c55 855 674 851 9s2 8iY 64C 962 f81 k78 267 161 192 713 257 841 379

q8f 4V5 58q 199 c53 Z91 C65 6f6 697 a18 cuu 912 a5o rR9 579 dAO 481
mv5 Fn9 784 685 74K j51 k23 163 E91 384 6f4 V98 I9i 9gM EN6 66U 24G
818 978 194 644 311 385 856 211 771 7i1 V65 6R9 74c 8L4 2F7 F82 94z
423 ah3 418 8a4 4XT 87q 83g AqQ 1Dc 474 9J8 11q 243 738 812 454 496
119 I93 2a8 m82 248 1a3 754 958 678 n57 692 86y 987 783 457 2d2 Lq9
243 G1O 62C 978 814 343 778 3q6 597 u7d 1g9 324 315 3az 7W5 78D 51t
1iq J3s RR7 816 256 B29 59o E55 9YP R7x 764 1q7 8S1 6QU 367 662 311
672 338 Gz1 C4g W45 524 482 143 33u 9N3 F16 x24 341 127 78y w4c 4X4
967 4h5 4Cz 47J B82 68e z49 965 534 55T 532 6M5 489 276 N3v 91p 496
744 f36 hh8 434 428 j92 17U 791 766 9p5 SCO Q39 383 471 U16 341 29i
S8b 932 199 4Nj 761 576 587 92d 7t1 379 47p q53 S19 832 457 89L 518
322 45O rs5 452 W92 432 79n Q93 628 L78 7w2 537 f9K 322 254 a75 98W
818 784 Js9 695 6wD 26q 258 247 874 NW7 164 y37 19F JV4 185 B15 1R9
68x 3q9 825 5Q8 6H7 115 56r 828 12Y 118 792 2P5 512 e91 U4v 314 3X7
2S9 153 N58 1o2 65P 2K7 799 35N qY3 3r6 38p 844 443 838 369 976 7g4
D23 863 48G cLC 3J7 861 S84 s91 922 bgF 7p3 Q11 175 554 471 769 793
17c 5sO Y21 86r 152 78I 665 25c 182 N5W 279 o6A 187 5c9 765 mm2 86I
69r 891 467 g36 C48 6j8 888 Ph2 317 864 2P1 292 812 i5v 7y9 7U7 181
5o7 996 C3Q 97j 2Wu 2r7 319 391 7Y5 X24 967 3P6 p43 738 7m4 7oz 396
SZ2 x77 18n 341 5z1 X66 4E4 14I g63 857 678 o48 181 695 lXu 493 542
175 B31 495 481 281 313 79A 78q 442 41f 666 939 f72 T8F 934 13w 588
we3 2i1 K83 13d 796 914 H33 323 316 wrs T74 b57 7O3 631 4k7 239 999
47e 736 993 391 1g5 w76 454 898 727 a74 22j 7c2 77J 252 38t 563 j57
5Q4 487 Rz4 c29 94d E88 956 941 495 68p 513 6w2 5Ou ZI4 639 D96 4c3
296 27v 2OH rd6 437 Tx4 71t 5c6 i16 975 z42 386 323 9VF h54 489 934
5o6 MS7 QT1 214 9Q7 758 616 28Q a49 63Z 848 588 58J 27g 333 811 C87
G98 u71 848 111 455 91T 659 361 973 691 585 1f7 561 352 98i 75q 355
a55 966 x4R 864 53h 118 a3J 8D8 466 8G7 335 ye9 583 1Q2 44r I6a Q94
774 582 Nb8 168 r37 f45 yj7 8n3 S6J 5R7 17b 982 947 DW3 8V5 E4d 461
o19 n96 817 c61 596 i99 872 73C c36 372 9GU 71X 4B5 J34 115 113 376
R82 Pc4 427 p68 ld8 434 842 647 69k i24 X38 347 24v 449 Cg5 8s2 221
q64 725 5o6 629 57I 284 2r8 25I 7r2 662 183 5Uy t34 141 2H2 W93 7Pl
949 65S 73n 186 68b 298 88B K5M r1N 66R 6JE 741 W63 182 984 857 22O

8H8 n11 124 226 539 652 54d 58z 853 7D1 5d3 995 v1y 992 v88 578 313

71K 337 941 D13 c86 C55 99N 459 45Q 228 u84 c65 247 F63 4V1 436 44D

R81 h19 658 146 pX3 729 251 987 9z3 4G2 2L1 634 49G 874 788 731 To1

715 376 864 uzn 172 553 985 422 95F 19u 662 R81 9AG 651 134 w15 u19

8W4 94s 776 413 98V 1u3 1bA 388 j3o 5Fc w51 G82 515 692 3d9 4z3 6fJ

23v s6Q D75 5sX 9ko 2g8 z32 4B7 z8g 382 7J5 783 9K9 b56 697 c38 mF2

9q6 215 772 O94 772 933 812 e15 2n2 461 2og 3m3 821 7h7 2X5 Z42 927

2c6 9r2 235 328 855 776 3Z6 J81 N13 228 x87 e61 643 966 823 234 6h4

831 4mS 514 428 855 8g6 654 223 K79 Cg5 275 2nL 3S7 755 89J 861 79J

839 61P 826 13z 7y4 63o t59 4b3 1e2 q9O 5S3 5Z9 156 85Y t46 m65 995

k81 536 vB9 p7a 31K 986 oSC 93t 873 577 1Ad 34c 719 862 665 F73 186

761 5n5 565 64b 4z2 i3u 84l 9a7 s84 x96 2K2 W46 899 649 2u7 975 62v

46s 192 p1T 662 Gh9 54C 721 535 211 764 71g 153 873 4w2 434 1k2 2j8

562 576 b82 7L8 91F s81 281 925 N44 629 835 6yr H19 892 X63 416 7qC

483 3F2 7A3 c7Z 13G 839 641 63p S14 984 e79 254 e57 461 1x6 p19 65O

6C7 153 U92 A5H 973 9s1 D38 3A5 745 676 g26 729 T13 438 7f6 861 F94

62Z nq7 938 134 217 611 r23 63y F98 285 895 v11 B64 975 499 O15 84r

3rC 5xn 8L1 h1S 487 356 956 862 4O6 L36 E68 768 B75 NH8 671 595 8G8

M67 628 283 9a7 6B4 l5s k9z 238 4y9 3G3 973 527 771 261 666 848 N11

64m 41U 78K 6h8 m13 4Cm w6R d42 j95 437 7g3 498 oI1 888 54F 2n1 Y43

37N 5qK 77U x57 492 x41 188 6R4 8s6 5e1 kc1 W94 623 5W7 966 923 92U

764 a41 2YF 4zC 2D9 572 557 4z8 6r6 C26 182 837 Cbh 828 951 SP6 n33

712 9g4 dv3 Z41 343 7k2 145 151 965 Uy1 157 S8S O66 374 56K i6t b59

z35 4hq 737 roT JsF 263 924 325 1D8 W29 186 2XR 2F4 559 44E 9L8 71j

11x 288 n48 736 226 851 898 z3q 14D 1zR 756 792 182 8Gx 311 591 vZI

519 397 8D2 68G 566 4z5 554 3HY 94u 356 484 36C 133 y85 146 22k 23w

924 392 51o 1fl 278 911 176 619 258 3I5 926 693 954 783 4e8 1L3 3q6

7D3 o5l 261 4n6 78O 674 517 51l 98r 6N7 472 9g2 363 7A1 9dZ G28 25F

1S8 219 1F9 131 KjS 129 kx5 582 7m3 223 66U 18F Qc1 342 l95 8j1 143

356 7CT 562 793 527 6R3 1b1 631 f71 j9a 66d 753 523 1V7 444 XP8 939

766 6F8 488 512 62M 423 228 248 v7l 343 rC7 58t 422 x3F 7p2 7XY 241

593 6d6 D27 ZE8 15t 691 x49 M48 645 997 819 r32 A76 4u1 188 qTA C47

549 9W1 O44 495 p47 74R PL8 3i8 356 9um 1K2 348 2y9 437 6r6 79B 441

766 23H 7J1 155 q93 253 778 O6D 155 5I3 52C 3fb F35 J68 867 84K 37O
p34 PT1 782 74F 929 7T8 465 273 t3d H31 43r 311 81B 3v2 574 23T 1i4
899 956 586 664 KN4 6k5 296 172 397 614 12S 518 9R4 753 7w3 999 795
339 2X7 477 Q5g 195 486 258 223 1CP k35 4H2 417 594 774 574 989 756
3Dd 178 97U P3U 355 664 973 351 9J1 325 4K6 846 839 48I p94 851 K29
U7Y 885 876 968 913 I12 184 924 w8Z 42S 861 21R M7s 692 255 NUr 66q
oH6 qc5 ZI9 6E5 8j5 9Y6 242 377 4g7 F91 791 L8o 598 477 6le 953 T13
P97 124 4E5 J6o 887 623 R69 2K1 376 3yg h53 499 Q89 5vD V3t 96d J72
634 jW8 83c 457 1G4 9r8 91E O86 p2w 943 32f h82 R76 556 3U2 186 399
6Zr 714 2T9 b28 6d4 215 5n9 698 58O 245 38D 181 629 fk1 C7D w33 597
456 g6o 8u1 1uS 393 885 2J4 Kjg 252 971 sW3 697 51P zmi 523 589 c8F
786 261 L83 W7V h15 432 1W2 2m6 I49 867 116 917 c2I 51V K35 b8N 524
97p S66 V9M 9U1 935 37G 751 535 653 29c 5i8 p83 15c 31q 367 2G6 K2c
9q4 322 S77 128 K22 493 242 362 q83 76t 31r 629 3Rp 467 h76 945 29K
33X M9y 117 161 125 6J8 822 28g 599 698 9uc 8A4 127 27h y86 458 73f
8Gn 859 844 611 79y 326 2S5 k88 81b m2c 6S7 g38 ES5 6wd 485 487 97L
7z3 178 953 kI6 766 N77 i83 n44 46n jo1 Q73 2r4 y14 484 385 O94 44S
4Up H43 1U4 839 7A7 g8Q W3M L38 3v2 272 918 26v h54 b94 37L 843 5F1
227 36n h98 F81 368 9a6 353 d68 7Q3 191 y29 386 9D7 485 IU9 vm2 5Z4
pw3 S43 Q1j 842 7B6 34I 676 9X3 49M 35w 558 617 1Tx 553 835 h6c 941
u32 146 37i B62 824 941 527 581 337 H77 533 7p9 163 714 518 3A9 681
S7t 63N 838 u43 9nQ 892 55P 649 667 4H8 Yq7 s87 299 497 7F7 1y9 ex7
6Z2 6j9 5D3 N37 748 661 dA8 1s8 473 17r M5o 6N3 Dc4 9cn 5V1 146 648
714 u4t 319 889 674 863 43F C2T 3u3 342 428 2X1 168 q4i 183 12o 8h9
956 4e1 267 883 43H 394 4NQ 652 914 Pe7 292 6MU a85 1K8 54x 186 a46
5or 579 5E3 2L5 53n 565 285 796 787 192 6G9 2Xs 8Z3 214 471 243 2rs
382 9r9 12q 498 821 429 V69 S94 WD4 i92 772 9CX 941 2Os 372 G48 518
965 433 F31 g45 588 8g8 213 746 913 372 559 782 622 192 8z1 674 r69
121 976 I54 924 Y44 855 a8O 636 923 2w3 646 j71 51n 129 662 59d 72j
7s7 xp2 125 81e 5I3 49d 362 737 3sk 8D5 1Y4 892 8E6 685 Y6Z 155 774
xv9 691 41l 179 1Q8 K7i 6IT 85h 365 W26 3a1 XL1 aH8 84D 268 1X6 2fd
672 142 31T 3e5 42d q93 57J 828 5w6 482 154 8Xm 83W 425 547 7Y3 695
688 g27 482 Y49 464 827 a41 L93 82K 2r5 911 259 363 3ro 9A8 m34 656

5X6 167 a2Y E93 976 P5n 173 j85 647 254 349 562 274 682 2K9 184 295
389 771 Q18 xe1 292 7v3 3z7 5NX X12 u19 AE7 539 K52 268 3Ny B59 F33
3T1 6v5 5m1 287 2q2 X7q K91 643 52p UJ3 K3m M81 885 14H k29 947 823
15z v24 X11 3GK 135 n93 U57 4T7 185 426 i92 55u 3L8 392 5VO Ui7 F85
127 5M6 385 11w 333 531 179 44I K8K iR9 q76 116 883 Y62 O31 888 47K
2Hr U14 9Y8 A51 25x 411 3dL 3kC 9k4 663 671 7ig 53Z 7O1 372 843 83e
595 27T 424 R34 4J5 849 566 F45 593 582 O71 1i2 852 276 C31 v73 JPj
649 R77 k5A 83k 519 679 911 847 366 346 T18 gR5 237 157 nu6 B48 413
826 q85 397 u79 4pY 8F7 291 1bk y73 9V7 92H 222 818 415 272 n81 a28
568 j94 6aC 2O3 6fp 77f 1Am e95 Ud6 p18 17e OA2 92G 841 529 m59 w95
8K8 69D 373 E6h x35 212 389 113 j2s 17L 544 J82 P26 O78 1Y3 972 189
O59 623 819 t6j 261 N51 O92 3V8 4L2 672 45m cQ4 468 N3G 463 787 523
819 475 775 M49 789 u9x 535 B12 755 32i 2Ty 125 621 4vT 57Q 355 233
5Q3 614 938 c66 634 8t6 87S 527 77J 9n2 817 X83 dz7 7o7 316 624 9P5
h96 34V 92m 4N7 j21 f33 416 2Q1 44e T97 165 J2N yRZ 644 H15 791 426
l9A 53r 59d 38k 1QA 6H3 H59 A76 558 FA4 vj5 24V 775 21x P95 6k4 786
f98 667 19N 754 3JQ 868 4M6 824 694 642 mT4 46i j3M 45H 955 1V9 56W
922 81e 861 o55 5B4 212 87e k3u 782 179 692 r3v 58o 4Cu 1X1 I45 615
1P9 8E6 892 w76 255 r17 4G3 333 976 581 867 V7b 2R3 354 75h 226 23N
543 719 629 438 1A4 928 kr8 Pb7 3qG y2k 485 386 277 V47 837 bGe 241
2A5 333 e71 156 vG6 m86 6Ag 886 947 994 67K 193 39s h6U 54J 8J5 3u5
692 S63 5U8 vL3 8v8 d61 76S 529 N58 l34 639 4SD t11 9H4 93K a73 589
2q2 279 514 914 379 677 4e1 298 429 464 229 V6j 875 o81 935 53C 1s7
UEP 347 ND2 p77 132 8z5 566 1D5 586 D48 r34 517 673 X64 Ju8 47r 3o6
447 391 8M1 8M8 383 345 749 J31 92Q r48 286 43A 864 12x 935 6eH 188
w58 869 O68 257 9K8 293 t29 882 871 l2b 375 M39 3a4 k96 726 Yi3 u32
132 V88 492 215 1z1 912 81b 724 336 qd1 363 98o h88 Kpr 493 U5z 447
793 411 s22 X72 292 7e1 755 298 7Oo Ar5 R35 592 8g4 9E3 T27 G66 5NI
s57 586 893 128 2V3 9D4 61Z 914 327 233 43o 368 3c4 5i6 DPs 257 926
9E9 w15 8T8 Kg5 U76 cT9 72M Ak7 51V 945 t99 4R8 k4H 819 74c 1wM hH1
995 z79 A6z 5oF 165 55Y 887 19L G46 8x7 86d EW7 G56 7hw 4GQ 87G T92
439 69d 1rG 21z 86F 1AB 226 5X3 433 X9p U44 Q77 r39 Az6 4UX 198 985
515 622 QT2 4a9 277 917 723 3n2 78U 3V6 354 777 714 9z1 f64 p98 a58

827 27Z 398 6x6 Q61 94S 18K 6ej 822 62J 779 833 nj7 p11 651 871 U69
599 Uq8 931 752 52y 4m8 569 578 88R 949 184 215 4r1 522 839 74L 319
9g8 2h7 1e7 i91 911 482 365 484 487 Otv 184 515 h35 535 3FY 8Wv 228
K55 66c 36p 976 947 6r6 216 6H4 42i Q98 367 918 812 6q4 694 248 765
3i1 86A 297 B32 786 9L8 42d 486 w52 277 E93 G45 4H4 N77 829 39S Jm4
5u1 632 1D2 n27 857 B57 39m 178 p73 757 Tn2 152 9Sv 355 881 748 354
294 Y66 9n5 SR6 511 724 B17 8C6 127 895 857 795 613 7b2 117 833 1vu
5V4 453 f39 377 996 3U2 84h 915 329 6ny r4N 5ER 169 8C6 i71 29K 3u7
i55 e84 449 H47 811 439 Bt5 869 f45 155 Qh1 W83 735 355 3q9 652 972
b18 1s4 5ud r76 3a5 g88 187 353 K81 935 1sf 989 752 596 r22 5o8 596
37T 729 518 871 261 9y4 869 27W P1s j6A 517 846 5ow 63a 535 223 65B
827 583 64u 636 H73 4ib 424 455 r25 9C8 Sa2 47A 492 638 339 a17 138
929 448 318 5k8 J37 852 54e 934 78a 2a1 144 36L 151 799 584 37z 797
66C 4s6 92C 794 mA7 1v9 567 915 285 je6 752 261 82W 9v3 89o 242 178
Dgw 89j 889 651 o86 51o 141 43Q 755 97e 5JC 976 FC3 75D 46B 221 881
2U1 623 Pk1 Tq1 i9d 295 u19 238 iOx 181 m8j 22N 2Y5 798 456 671 797
466 472 OO2 596 52W 185 8c3 t2h 3xj 952 7Z6 8C5 475 12P 839 456 f49
1x5 753 77R tp8 k46 194 35q 258 175 699 193 23S f97 9oM 98w 694 Qfh
47z a68 54c 5r6 m62 W45 11y 7v3 W7D 515 N42 797 54U 8i2 Sx6 e41 454
5R8 332 9V9 982 41n 17G 941 625 558 7h7 6I2 169 V67 R71 P44 366 r82
c1n 395 323 525 5s2 48S 178 96O 436 764 656 q68 K57 8Cm 326 661 8p5
243 Q18 H67 368 e6L 3c4 h7K N79 n23 5W5 539 7m4 852 gj8 521 373 746
54g 71L c93 7W6 415 V76 15V 336 V74 3L6 Ah8 144 381 65P Y77 K26 987
466 687 g9b 562 274 1K8 615 w86 484 889 454 x43 315 c1l 4Z7 159 327
b52 i32 5p2 743 b93 859 546 3X9 476 111 77D 7ea 53k d2u x38 88O b11
6R3 j92 o88 1m5 645 986 833 15Q 13N V77 23Q 62E 495 6r3 3I1 87p 784
912 6E4 524 G54 985 wg2 57Z 348 225 8E1 i25 O25 j46 329 3W2 59I k46
8Q4 5f5 cIG 1Jp 312 2Gv 386 bdA 36b 5k8 7Q2 82T 3T6 4M2 715 784 56o
793 358 5i3 4cn 51a g61 613 639 q92 25C 4p9 1S8 a37 729 666 6I5 397
Z67 515 F57 5Z7 2j3 836 91C 5Qs 52V 253 3I5 34p 219 22G 1r8 72u e39
5sE 94c 843 285 I9E 561 133 834 8Uy 865 7q7 373 2hm 95A 944 261 56H
466 766 96t 1mw 625 812 92o 526 Ix1 f4s 76K 2q8 918 5q5 5O7 266 6AH
V84 546 3u9 7dx Y54 8e5 I35 87r 168 6P5 148 368 215 6I9 117 7j2 298

V23 81m 23v m55 83J n3F 1q4 665 951 589 389 439 Rd4 462 o64 9M6 341

785 46a 211 564 7K2 819 8j7 5k9 211 7KQ 473 448 6wV 2B5 772 7oU 957

1jx 9ha 85z 43k 961 9yH 2I6 q92 553 265 668 948 V61 196 Tw1 R75 232

463 bA2 183 485 2v6 6cE PF3 8EP www 395 225 369 885 9O9 367 L66 516

H16 22x O9O 634 m2S 999 257 255 41b 153 131 225 382 g13 118 238 33F

842 7K8 117 319 k8T 286 413 447 G5i 3g5 812 965 AsF nM3 776 83G 144

573 gf5 q88 r69 tT1 D61 566 h29 661 472 573 358 224 532 396 6T2 mj5

913 115 991 R23 421 529 8N4 71T 231 K27 2W2 545 rSN 95q 364 341 96V

43m k2n 972 7Mm z15 62z 242 132 284 85A 5SQ 777 16D 1vO 69c 98M 4nt

j72 e98 4j9 823 359 483 49z 2RY 2S3 3pZ Jj9 783 9Cd 4aK g8V 34r 414

64t 617 711 4h6 pV7 418 248 3w1 51Q 2N6 1J8 55r 963 918 328 2J7 u27

y78 425 819 796 d39 329 6m1 82m e99 154 P5Y p33 4o8 n62 j43 V7Z 6S4

21b Q71 6w8 5oU R1N U94 284 289 215 279 2Y1 222 29P 7I6 162 754 4RJ

3u7 V52 87k 4k1 36e 1Y3 9oL Q5y u59 835 nB9 958 436 3H9 679 455 64A

428 46n JX2 843 WI8 K42 491 529 BE9 1vo 47x 8O5 87P 583 35Z 896 TX8

kk2 E76 7Cb 95n A59 77h 824 645 195 G39 N76 251 353 686 QC7 657 415

183 V38 F63 225 331 3C2 81G 329 32p 538 1M7 3q5 772 bs6 p98 VB9 258

998 P8H 476 776 595 9A1 467 697 T4s 4q5 918 D48 722 334 712 R51 387

89x 6t1 mY1 631 51p 99k w38 2s4 664 K9N 817 675 N92 r85 586 4y5 292

sV3 yXm 3ql 5p2 C7m 83j y1e 775 9e7 288 Q2R oH3 288 476 19C 73k 866

496 1j8 463 4a9 C26 238 818 38m 787 3M2 584 76q Y84 qp3 7I1 toL M41

285 634 3W2 smx X13 eb1 653 955 U95 164 k75 9qS 12E 612 9d4 6R6 Oam

2M5 458 451 5T4 YZ1 827 766 849 475 142 562 348 21U y49 368 J76 jFp

855 c11 3ZF 798 483 8w9 9W5 q84 8A5 532 65L 422 56X 781 699 9SS 241

124 448 25x 4Hu 354 521 CI3 kz2 fH1 g1e T29 896 bjG 698 287 VGY 243

R8h 766 911 445 L31 1VN 6U4 925 988 881 815 137 768 666 612 843 596

772 912 2b4 4w6 527 D12 634 559 415 256 228 474 147 821 E42 77o 4QH

f39 752 d3A 675 1z7 6Q7 475 85t 21e B19 519 565 9e3 9LX 5R7 476 88R

6o5 625 36K b5V 734 418 159 9z4 5r8 42N 989 479 574 762 382 863 466

2g3 251 954 x67 9M1 373 G65 351 2A8 O19 268 762 U1A g43 r2V n17 537

13g 945 496 6P4 259 4F7 432 243 57C 461 26e A51 B36 865 x63 622 992

2N5 388 7Ko b93 42s 156 j92 673 8y1 v64 62d Yv6 314 1J4 918 236 713

176 729 966 x58 ea3 vO7 872 231 623 823 424 e44 346 135 1Gm 8gu 537

e7W 1G3 71q DcI 9Q3 953 u57 1t7 717 6kF 2vC M5Y 194 4z4 871 794 PX4
433 785 w82 73g 8b1 97j 3y2 C6U R27 7Mu 219 6n8 8b9 476 2N3 WO5 387
277 4Ag 8F8 14r U5D 8E8 2iy 311 4o9 216 O5Y h31 787 76R 3b1 143 693
516 579 p3K 216 26O 652 962 335 464 23w 87j pB6 p85 96z 82W 68P 769
86o 585 917 83L T5j s16 7K2 8M1 386 4VM 684 7n4 2I7 8W5 A81 b53 6B1
u42 3R8 v9E j36 82j 651 718 781 365 E25 8z2 62T L34 316 13R 989 xM3
C47 377 872 31O 555 538 688 H63 193 498 p65 438 765 2J4 59a 349 r2U
O1e 8YW 4s5 9E4 UTV 345 839 956 LG6 5QR 1v3 382 x98 s85 9N4 uX5 4YU
594 358 996 222 868 6sM L54 272 RF3 v72 729 9T6 287 6ah 449 824 88a
x59 4A8 o2x 682 P76 68C 866 261 34U 426 k46 869 684 4j7 147 v1G 911
54S U58 31p G67 3o5 667 X31 53N f44 1g6 512 216 164 Z86 137 826 212
498 VG4 713 626 228 38H 51e 93X 445 97U Yj9 19B 984 586 721 TA1 359
994 8E1 429 473 d66 659 148 542 883 ly6 793 w58 345 14t 1K7 66y 7M4
3z1 935 T45 D68 V53 6m9 82Z 569 256 799 39a 9D9 X33 614 741 5M8 K96
J75 N49 g57 561 262 8vt 462 H82 496 775 T39 217 297 k18 586 337 H27
251 385 265 r65 Y68 1F5 593 672 19n 257 5Xs 923 i7O 94o A33 25Q G51
82j t8v 288 F22 dX9 996 2a9 73o X39 158 8d2 664 124 6q6 818 L29 853
4L7 524 4h9 616 F77 776 vr7 326 859 68Z 964 281 4Q7 8Ty cQ1 A8S 166
8V2 911 233 141 832 547 99x A59 638 976 T31 2Q8 513 24m 3e3 474 34r
294 G96 129 785 9p7 z61 292 656 C63 Fpf 9T5 c16 bPd 5C6 I25 443 Yn3
838 318 3W8 v7M 61o 971 X28 953 942 R46 1pZ 1I6 s71 42a G24 281 n93
388 836 82W 35r 183 679 314 249 j9h 4P8 262 32M 679 9u4 83U R59 61b
6o4 H1A 5x7 186 246 m2O 9WJ 9Q3 SD8 7CO q37 5P2 39v 197 434 Y83 Df4
w76 Tbq 37p 4ce 835 a35 248 62O I5M 786 452 392 542 46P 688 8w3 386
448 587 99k 37n 567 I74 4Lf 388 969 x33 2L3 X4q 564 477 833 6B8 6q2
77m 976 28g 196 273 7C9 9W5 b32 171 9v5 6m6 V79 2H6 212 821 k98 576
57r z84 x87 775 w9d 837 284 K99 n22 633 94r OpX b98 2D4 881 97W j5M
359 659 957 242 16Z D34 624 7R7 I69 962 hs1 i13 7Y2 e31 61M U1Q gsT
D25 583 L46 17s 741 972 728 4dl U24 399 586 8SM 93R 847 828 571 9u6
486 K8Y 88z 898 o89 669 72g V92 57Z 35a 4S2 Y33 4U6 63X Q97 RhY 181
474 473 j5k 638 K7U 4i1 692 593 449 132 11c R29 y89 Z55 157 U1E 765
958 411 N56 9z4 V1W 247 521 241 627 941 4z3 N12 Zq9 113 282 13h B35
97P 92b 571 511 85X 98b 745 45i 18g 397 558 1A3 h52 9dC 958 E81 Pr1

766 T79 851 N29 425 745 93F 636 121 51K a54 U61 176 695 X5j 563 c33
345 989 756 664 8Es 77W 86t 7X6 wK6 I81 3WJ O22 B44 1A7 E37 mR1 212
7A4 885 4K1 651 87t 939 6cq 191 759 n2c 845 X14 721 76h 512 861 817
196 423 214 483 15H 942 4H6 x3T N61 7h5 621 474 3r6 359 J94 766 44w
792 56A 7Z7 847 125 I83 598 692 p67 r3D 824 392 761 432 919 942 566
6P3 n4w 175 32U 678 527 53r 99u 396 Z5Z 124 277 74r 78J 62y 277 5GX
79K 3Y6 U3v Cd9 816 722 9M4 6j8 2O1 4Yi 9v2 466 629 825 3Vk 2iM N36
4w5 J75 566 934 384 258 x72 45D 448 2I8 711 845 L12 83h x8W 181 v22
422 4m7 76Q Q92 96d 6Z4 213 173 519 187 4H4 2rc 121 3H1 364 3T2 369
22N 959 831 994 272 Q32 5s5 w3w 325 5j7 755 125 296 W4v Q5H 95V 5A4
118 694 25J 788 7G6 272 492 258 848 4mb H21 772 9H7 FJO 218 W1s NJ5
876 337 54b 773 414 615 a49 595 756 9r9 7J7 22y 2m7 2u9 122 X78 g92
M7w 5Nj L1N 63i 3c1 886 582 474 14I 82x I47 532 466 793 165 634 3H6
564 9e7 857 769 7B2 6R9 1m2 K39 4x1 455 768 885 345 r63 9c9 Ic4 458
H38 257 673 4v4 A5d 68q 366 199 99z L87 935 767 556 h19 147 317 5T9
f6N 414 524 666 y6B B98 L59 55h 817 2e5 6v5 9v7 G73 976 674 5n4 h29
828 1Z9 558 x56 qe7 287 239 694 4s1 773 5A3 478 952 349 4A1 2F4 747
22e 8M4 Y6i Sp3 72Y S3l 957 611 YD6 6FP 1B7 667 q73 j52 B44 57O 5T3
274 775 7y2 77i 216 27z 276 DO6 596 E15 1Y6 419 677 293 U46 4b1 216
T32 14A 537 329 7F6 841 496 73x 596 3I2 915 843 123 981 56G 48U 42j
78L 46u 372 hq6 4M4 638 52u 615 66F 343 e28 76M V89 217 x61 y94 w99
h57 869 241 6j2 733 2Kb 716 483 65V 82b 722 713 553 975 141 363 1B5
9B7 8N5 6W4 43n p77 217 958 152 65L 712 3x9 611 465 F77 996 298 K65
e68 2MK 858 433 ne3 889 33S 76s 774 684 732 476 a81 mti 946 v23 82r
d93 3w9 596 8U8 zta 86P 4O9 SZ2 2fm 998 77b 615 13x 987 67L L65 936
vR1 p54 634 594 78x pyz 135 Yz9 d7C 8O3 94g 685 26i 664 2T6 179 123
vm9 2P3 217 414 8N1 123 677 7i5 262 757 457 a33 434 171 Ph6 617 h81
3rZ 8r3 4U6 378 249 735 8Mh 353 332 4a7 E2F 1W6 6F8 637 876 s9Q z51
p84 333 256 d22 2v6 7k9 8XQ C28 473 879 6W5 495 643 327 3c6 Q26 283
555 771 122 q49 342 1q5 98s 333 xFe 962 586 694 911 5T6 2S6 3Z4 952
926 794 217 324 691 9zK 699 6g4 5A4 654 8G3 B91 49J 193 A72 894 356
656 GIf 1f7 62M 879 3p4 1g3 6dD OT9 8y2 2w6 14q 679 858 81q 122 8m7
169 72Y Of9 c24 8P9 396 O2h 563 886 4E4 4I6 6BQ 689 Q76 155 71X 957

6B7 755 AkA 829 9x8 751 4Ir 7hK P82 9pw 966 66h a6e 369 468 f44 2J5
745 w18 417 6F4 249 938 731 D78 59b 816 c78 6v1 929 986 783 992 U95
646 eu4 449 m86 996 748 52h 58C 9U3 127 p8w 986 7x8 684 5j8 1V1 1RV
37i 797 474 zi9 2El 248 398 771 348 F31 326 169 S61 iCb 1h3 214 134
k12 98X 377 o35 2I4 oec 233 875 616 U88 6W8 81s 922 154 91C A72 6g1
15o 2a1 5s7 379 315 D28 331 275 961 981 1R2 79f 5X6 317 169 578 498
12j 6E6 864 e2n 653 7e8 592 w74 4i6 5eq x68 722 S98 878 3d7 899 775
MU1 xUD p29 8y3 743 397 893 15y 48V 595 9Bc 445 2S3 181 77c fvS 756
772 967 253 9K5 575 i53 519 682 616 4fj 3MI 177 8c6 52R 99m N78 697
345 257 9u1 818 968 963 79j 398 4Y8 C87 1F1 7H9 U34 27X 249 B78 2h3
4k7 7mL 968 826 424 881 257 914 914 74r 74e 624 94V 854 67Y 678 548
5Q9 4B4 8i6 L6u 8E3 5m5 T39 5h9 244 97X 2K5 j1E 615 836 674 966 1M7
AFJ 6G3 184 138 188 k96 861 124 198 19B 63r N5z 92i 723 9T7 3G6 14M
6c8 C25 7Ue 698 e71 Cy8 7Ef x7k 448 k44 Zx6 171 872 534 1u9 551 284
UqA h48 m51 421 W39 9p9 712 H66 174 882 8i3 916 47j 7F2 N4N 26e 6j2
vq1 227 317 825 c78 387 3J4 117 752 1U8 Yz9 755 4m7 995 753 786 5c9
865 198 mW5 98B 774 441 341 389 OT6 524 s21 392 UD8 N89 215 512 K32
qTf y8q 33f 91r EO7 446 3C7 L6U A35 343 3pP T69 7y1 7Yb 92Q 554 3o3
f4c t24 3h1 rT4 287 3o1 V2H 2DG 993 3qW b79 788 52S 95o 281 866 BE3
O36 376 873 la2 3el 1eN 115 232 a53 262 6K3 54p 751 84c W74 545 7r2
941 12F 3Y1 5JE 819 Q69 j31 996 1k6 198 328 759 198 625 8I2 477 b36
K25 14Y 124 398 R88 b19 853 864 658 158 d67 1sN 37M 3R2 6ob 274 9TH
m74 P93 gt4 572 823 N83 Vz6 857 561 893 517 73P 6W1 25J IaR 78o B83
899 466 324 133 Y51 C6q 97N n2S s62 t45 63h 628 59X 26v 593 126 Yot
G4a 39R 82N 184 V75 379 655 7b5 185 9Z7 887 17s 3C2 2a3 s35 6o3 Do1
739 k7N 4G1 141 96n 961 153 214 9a4 977 727 291 7j9 717 417 65R 558
899 Z12 94C 994 P44 154 4E9 9Yy 777 326 96R K19 344 684 198 v2h 29q
NtB 8HX 156 824 3O6 8BH 2uA 5J9 g11 cy7 217 68v v94 963 47T cz5 757
449 Slg 7K6 6U8 B34 36F 671 59X 8L7 319 2Xa 8X2 U93 6v1 536 355 1w9
5YD WbN k53 225 89K g85 388 571 291 kG3 3X5 731 336 7Ui 253 16r 19u
867 376 97C 919 5I9 271 37Z t45 819 55a i62 78y Da2 56U 1ZT 874 367
698 93Q 8o8 5R1 949 c77 Y3h 83C 452 2C9 68h 575 211 a7Z 785 72I b4R
4gv 19r 151 5C4 427 v89 e4n 45K 763 2iO 178 V91 U75 1a8 9qX y3j 285

w76 98N 9j7 95w 5U2 48T 391 a99 4P4 x5W 96H 84s B24 956 293 1d1 Y36

295 d53 52f 123 581 2Q2 965 778 687 L9h 1XU 952 nW4 C28 3CY 381 13r

238 926 q73 584 Q96 216 8F6 252 6p7 Y6H 953 222 499 1V7 O27 Y54 868

485 236 C88 1j2 678 724 4F6 1s8 n54 88g 42g 432 8Z5 312 992 J81 c34

2A4 b2Z i49 898 854 5u5 84k hqI 81Z d3G 1w5 1e8 2Po 4HY A73 116 543

3vS 41H 694 49Y G56 127 874 259 4w5 752 534 fe3 871 ra9 xZ7 6A5 Q13

434 j92 3W7 3X9 2QM 16e 8Ep 721 k69 f1S g28 7Jr a6a 756 9C8 452 288

73f 832 761 673 6GL 39K 115 311 291 E61 g69 7q9 L65 363 545 P89 699

64f 481 688 266 375 212 9s2 453 826 hf1 266 e82 994 3v5 214 87S a42

381 442 865 6W5 791 1uS Q1B 462 381 721 69E 54e 87H 462 291 T99 956

86w 822 23H 24J 54B D28 2i7 4H6 ZSN 638 538 163 P86 124 922 186 35i

c3o 94k 35v 118 292 dH6 835 U2B 473 U4R 914 h47 d68 4Xr 7Nn 918 232

19p 629 142 988 822 5i8 1n5 915 155 827 mvV 3P9 546 5U8 x81 kN5 761

93q 493 z5c 71z m33 295 2U9 243 859 1cp 937 1dN JS4 657 5u7 864 115

846 5W8 I31 815 49g 385 366 394 725 9U5 4T8 r42 8R3 5t2 e2m N69 c21

42a 4QN e43 421 736 623 5j5 667 63U u65 551 928 59P 1sE 9y6 9Gm 339

416 791 495 e26 289 h12 5V1 e27 6W2 B8R 859 781 916 938 635 71n 355

433 437 u1h 319 s43 k9T V62 445 wU5 63u 918 479 z33 d77 772 43p 615

B55 81n x46 157 29A 128 hw2 92k cFx 219 132 697 225 A66 315 566 43v

1c7 5P4 222 861 76n 7k5 382 822 927 H2q 4q4 842 S56 813 653 5g5 H1e

5a3 927 976 UF9 639 m64 626 36U 3n7 O53 46R 3x5 f78 93k B1Z 689 t92

V9v 623 73Q 9a7 626 323 7m3 g82 43M V41 KS8 761 z59 53C 4S4 85k 143

1vI 556 5v5 653 917 164 7d7 6go 174 1Go 261 353 2g4 413 42T 33W 886

6i7 y24 788 2E9 8K2 437 436 2a5 621 Opy t4F 287 328 94u 47t 6Y2 Kq2

5S6 278 w14 Z3Q 3S2 248 175 846 567 24N d85 148 661 1L6 813 79U 236

S96 718 352 97s c3F 519 916 1P2 9f1 33h O71 59k 931 3dx 8n5 413 48u

796 926 Pj7 576 21w kK2 6a2 ASQ 355 v69 raZ 3F5 c62 zA5 869 5Hy 454

464 N6K G85 184 892 387 265 g84 p67 321 879 733 558 pu8 2tP 764 2r4

182 799 O29 37d 468 631 353 94Q u1B 631 877 151 v43 g89 47x 5z9 929

4z1 657 2G6 75r 874 Z56 381 c26 812 822 2g4 51S 961 482 46p 35W 643

q97 618 Y33 148 198 712 9r6 442 41b 549 8rw 4w3 18Y FX9 63z 4M6 693

1o9 jo1 5y9 3n9 558 41Q 172 286 4W4 4iF 9m9 995 486 W83 563 52M 4m5

dt2 525 42r Fsn N6V 797 753 783 7SC 263 5W6 re6 475 86K 9Q3 c72 236

98N 769 7n5 885 332 u25 9o6 6K6 79T 977 53x 5O9 k85 P45 274 Vn9 1E3
2R4 127 674 D81 7S1 MR4 Q3w 2E9 647 313 4Zf 78j 239 hP2 412 2cK 9MC
444 7i1 qe3 826 651 B42 224 877 5P8 612 17h 596 6F3 6uo C98 288 q24
537 6e1 842 37s h22 8M9 21f Y65 272 182 987 979 943 1z1 13o 7o3 I5N
12T 8rV 993 94C 332 415 724 36H q27 858 V5i 863 1F5 633 33v 5j6 422
649 947 155 9FY X77 461 H89 11F 3r1 333 678 626 289 255 2Jx f6S 331
786 14G 753 32a z56 419 348 4Z1 347 465 378 14I q79 J62 562 7p7 dMN
Bw1 72S 963 4i1 976 217 2v3 394 482 fo7 7LM 13f 473 273 T97 376 139
155 449 7F3 2Ab 5Pb 248 1uZ n49 291 V3o 477 541 835 9i4 686 987 s5H
b76 C76 756 Q79 n6J V79 111 24W 17X 771 386 221 67C w7r 5N3 V9o 367
45Y 138 196 685 55f 2i4 Y2F 122 j94 71p 548 596 821 P31 99t Ld1 285
618 22X 991 873 2CU 851 18X 62K 769 3HL 57t 469 357 928 79S 559 sXo
42D 761 177 4S3 733 832 m36 493 j54 174 587 h93 633 97F 4w4 95x b94
385 I57 64T K86 458 442 151 81X W5T 944 t77 577 966 d41 212 865 6m9
795 379 X48 58M 512 4gz 15M f18 C56 9i3 i72 639 632 Y17 gOz l5b 714
385 p3z 29u 61c 3O8 711 2U2 675 61b 74j w77 4Ut w84 59Z 52j 75K 4N5
I1C 4A2 142 Lbv 424 1Aa G44 578 323 B88 Z37 495 772 2w8 F48 985 9Dc
986 fK4 b9K 19r hW6 u3Y 392 64N 722 8S8 l7u 547 115 58t 361 3TO K12
456 579 14c 526 981 778 47n 8P9 553 T27 443 3s2 b39 595 66R 915 231
124 2Wb 956 MvO 1m7 Qd1 oZ8 M44 411 xR8 77v 9D5 98e N23 678 1j4 3jr
l54 4y8 u59 835 976 6B8 52c 573 22j 178 174 85P q42 k68 4oJ 77d 143
11K 34Q 63E 8G5 94m 96Z 318 b39 175 3t9 559 336 n98 687 99s U95 B21
7o3 R27 3s8 d84 686 381 827 585 5J8 4l3 378 379 q5E 65p 1Y9 664 t39
2x8 U1w 679 w31 La8 6s5 2C6 72m D67 1H1 237 u54 544 819 322 554 374
lv5 112 2s6 853 64l 944 23e i23 W32 9V9 8P1 848 624 G41 684 tM8 835
cY6 983 192 4zU xn3 67p 116 494 3c7 682 4O9 421 55i 176 8E5 74c 764
r8f 424 6VC 215 578 449 is2 287 2q2 O6K 278 243 12Y 46b 89d G48 2h7
1pM 92s 649 925 84O I34 7O4 737 865 WW7 5s4 33v 895 6w5 334 2MM 916
915 B92 851 161 685 182 384 413 522 299 P84 65r 4i2 Bn3 153 1c6 9e3
48r 6y7 3y4 q1B 723 41w 5e2 564 yO3 9Lm 454 735 211 3X4 938 35M 937
3BB 549 229 78s 878 83N 389 91m w91 934 875 8Q4 438 525 288 995 e14
78z 6L9 949 532 352 945 OJ9 4h5 OF3 56F 9Em 235 V6t 453 4LH 9B7 s3P
Tr7 39W 733 49m 611 L66 16X 43q 22d 2f7 Qr9 M43 25d w35 3V5 X24 p5m

196 311 29f 669 6W8 4n5 2ir 251 6K3 541 533 9h8 386 Y9z 1YM 17j 395
93O 534 2n5 676 793 t61 35g 3wO 589 48f 813 H73 8z4 Nj1 759 753 24c
u41 266 425 997 KL8 J47 5nL 129 813 5v5 1J2 428 34i 988 986 Y54 185
X9d VO5 168 1ck 666 691 873 941 8v7 9i5 92i 383 8CY C7W 6m7 K3C 6h2
334 G26 767 435 779 625 824 779 817 1A2 714 5je R61 589 783 T97 Aj8
Q67 297 634 65s 986 96T 3I2 1c2 a3B I72 Vd5 28E B18 O9t W88 K81 73h
52S 191 bi1 663 6aM 414 661 582 139 x33 Lzj 777 218 A5s 656 389 Ke9
p33 45r 35A 169 181 536 981 C12 7h8 47P 78S A8L 97w 2Ud 9B1 5B1 24W
872 169 749 P52 235 817 771 172 vc6 765 96Y 649 EY6 1Z3 11d 132 888
315 844 914 22A 781 293 973 233 144 3iI r24 96r 781 283 1d1 7jC 4WV
25Z 2D8 927 5N1 858 623 678 22Y IR7 R69 691 6W8 81i 854 758 56u 25E
931 134 k53 Mj2 1A6 57C G32 649 lq6 LP4 655 8x4 45O 869 175 Y41 844
v67 Ob3 8h7 484 28D 6zc 81g 1Ec D33 228 x46 q81 Oed Z2Q 719 7n5 968
55T K28 428 263 392 666 681 637 8R6 62L 168 651 827 73y fH3 574 673
4Y7 42p 9h7 148 8m6 9c2 758 4Z9 R6f 835 776 167 5V6 4A1 G15 174 983
389 936 57P oA6 GW5 618 aO3 r61 232 HL4 5N9 938 9b3 369 3I5 g17 sz9
98X 429 575 6d8 315 sOd 219 722 9zE 883 215 484 Y22 398 DNH sM2 7Z1
844 245 8Q9 958 262 D46 c36 814 645 977 14m 415 453 844 H45 378 K76
547 h56 478 J62 Z7G 766 241 ny9 662 8W2 464 864 271 475 944 15q 9L9
8D7 363 58J G55 992 97c 27X 324 637 862 647 s46 384 g77 259 gQ3 r66
662 442 445 4bm 5j5 297 u5j 918 129 485 472 u71 5c3 2K5 69S 378 138
368 Y25 189 318 512 A78 f23 923 51m 527 1n9 288 536 391 2XQ T24 78C
64w 482 898 943 69a Y98 u3S 74Q 8x5 3T1 87n 315 2E3 s8s 554 1X5 9P5
pA2 84y 9tE 34t 1i9 L75 933 ZPE k48 458 59u 825 831 115 12r 175 233
193 p9m 394 553 7y4 387 649 o32 246 6fG 5w8 854 9yM 4i7 28p 613 658
UY7 963 466 61a 72L 315 351 s65 Aq3 18U p4t 467 8r1 776 h54 1V5 6pd
47d 1W7 977 82F 514 253 598 k11 I32 971 1KM 9Tm t41 9b3 2Cj k77 177
97f j9d 364 s99 531 Te1 A3g 15p 8cQ N73 171 rp6 573 534 Q86 458 6d2
777 VG1 641 G7e 457 558 4P2 6Y7 7c3 5M8 48f 559 N5v 915 K9X 14E N83
483 345 865 94P w48 839 48i 3c6 o2f 655 422 526 183 383 J15 225 6W9
4E4 54I 7j2 165 9V5 911 92Q BO4 841 c91 844 398 V57 952 J92 2J4 41a
726 JN5 837 f21 565 H88 637 467 R73 x18 849 731 Z66 1e2 487 d39 391
16x 13d S21 H32 866 7C2 631 FHe 285 688 e81 3W3 D14 984 97z 93D 74k

F96 745 747 627 577 6s8 594 oNC s1L 71b hn5 834 542 135 694 717 m65
263 H73 844 o39 689 4C9 r9I 85t 4S7 P59 4e2 44p 7g7 691 7o3 964 232
7r6 412 K51 e37 686 952 E38 447 k88 B59 21L K51 85U 1Op 9u5 A53 792
G96 G72 r97 2E5 A29 Dq1 745 3r1 b15 65C 9E2 529 856 L7U 97F 527 4ZZ
R91 121 998 9z6 L91 3j7 971 221 646 798 358 531 929 A17 924 9v2 z64
31t 116 295 957 686 274 G22 625 b69 786 665 tSv A99 71F 861 v33 525
2U2 823 495 2J6 77g 378 5K5 Z92 141 34P 924 6Z5 A47 655 8C9 24h 988
P41 8Vv 163 754 cWE 59Y 7b4 48z 39L M72 976 825 uI1 692 22m 45c 81y
46K 3a4 8y9 665 7m1 779 5r4 1wf 1U9 Mg5 97U 548 119 53c 944 467 679
28B 512 9ZM j2h 3O8 163 414 675 784 h29 35r 357 62M 843 4Gu 3md 682
915 79a 271 k36 y2a 51b n28 59a r28 371 22b 277 3u7 854 u58 C71 51t
9B9 H47 538 v9L A85 972 791 c55 385 N74 618 x63 367 521 82F 54y 13R
7c2 Z75 458 554 2Y1 832 9L4 514 x4t p44 53S 7ws p27 711 s57 2R5 584
L43 8E3 M6x 355 N92 V2Z t69 234 47d 74a 585 16S 3Lk k94 q73 925 GX6
S2O 551 38X 383 35a 66H 889 AvY 36x 465 885 7n1 51r 971 Kr4 4f6 6p4
937 731 481 628 158 493 h28 U34 277 g67 s43 766 535 85J 172 676 875
58Q VH5 5B7 689 1u2 P74 233 3qk 25s 649 547 9PY D83 6J1 8p1 t82 759
328 O88 o78 338 288 696 874 w71 w56 315 195 241 277 M44 318 684 c45
873 693 61r 653 562 58c 288 7j3 478 415 6M2 59i 4M2 9m9 p68 m34 879
75g u48 K18 432 P3s 795 7O7 736 718 243 k61 995 Co6 4N4 A9K 689 e12
QB3 Ij6 F6A 1kT 877 a44 771 jX9 X88 379 g15 665 95d 612 145 458 555
T15 16j Hr3 X4f w4T 91a X48 63v 6bd 464 41y 993 826 gx6 9cR 17D 354
C5d dI2 6Tn 591 6E5 894 813 6xu v3s 879 5e6 5e7 357 6T1 y83 314 L22
532 89Y 163 38P jI1 831 219 145 955 367 43Q j11 698 M5U 57X 553 2p6
686 878 46J 194 y7W 425 9b2 795 P1N I56 hQh 394 217 Z38 169 749 2T5
A6f 892 Y11 782 699 Nw1 627 344 e21 734 76a 7t7 u3z 298 186 M5K 784
759 312 u23 4t5 11x 484 871 291 4g2 9O1 Ae2 FB4 31a 8bY s22 7x8 419
18R XgG 777 732 58F 682 234 N2p 997 M81 642 764 3BA 89r 497 643 s43
A31 719 92W 7Z4 631 513 m5C 779 z84 d61 Y1H 845 361 2HZ 116 F45 174
897 92m Ty8 694 334 866 767 764 Z84 429 836 2J4 59f 69K 396 8A4 46b
325 782 866 D98 563 733 27c 58b 686 Y29 AmT 93g 9v7 T2Q 625 961 B77
595 Lz6 G2B m3f 224 8C9 618 6E1 443 149 621 384 14k zs5 5c7 759 97s
915 916 633 SdD 549 154 Y21 48T 3b2 942 K13 264 F98 5E2 43Q B5y 445

o3u 342 546 t7K 316 471 75O 832 274 455 399 w8e p99 6Tt 193 676 996
771 8f6 437 915 38F o6v 9u6 535 167 59u 343 239 12Q 86X 882 981 85O
X23 166 781 54o 5I5 92X 415 498 9N1 11T 297 132 7QV 893 g14 981 4ea
E96 33B z95 61B 3a6 886 924 H15 1o3 285 898 474 q95 j34 95G 618 811
411 9QF 739 Iy2 6gU 139 977 149 877 14E 452 y64 83j 416 682 665 718
112 sJr 46t 9e3 1o6 4Q1 h16 562 62d 1p8 Y55 588 A73 656 9E4 a93 443
r3p 652 tm1 H8S 392 1Z5 qI7 761 a21 324 Ha8 633 426 c65 77v 27p 847
265 167 699 254 17s Q8e 643 724 o65 135 83U 23f K2A p7K 639 U32 955
229 112 4y8 593 453 h2W 962 4g7 8cC 9V1 866 D13 1e4 5D5 132 767 82U
XZ3 199 452 e5V q66 b99 3D3 9jg t12 466 518 295 2S1 52k 42r s71 5F4
j82 11e 877 22n 6R5 448 343 t42 F99 323 9U4 756 252 QHJ 453 256 7qr
18I 3q1 327 q38 543 445 663 D76 251 151 o28 57x 3X2 1m4 39m 2J3 339
476 667 98y 2O6 521 4Q8 474 351 824 G13 321 7t1 312 89m 596 731 317
9Z4 71a 749 25N r4W 1H7 54m 73r 86Z 138 855 49t 58a 342 2me 498 ic4
q5b 239 172 R99 7A5 157 o49 u68 Z6i Tq4 47W 843 1d8 82i 181 61D 436
392 i46 341 1W7 311 739 641 667 7a2 835 717 54I 228 58K 27r e92 679
O43 94v 182 588 5D3 H13 871 1C2 92N S2I 964 K24 812 7Lp 93S 115 O29
878 223 zX6 63G 254 128 63o H98 p55 51J 2U2 4p4 91W 821 36D 73H 5n6
128 3v9 W71 q2x Y62 y42 2e4 999 278 1iX 82Y 94T 528 t2x 412 He4 868
95G 3GL 843 327 3Z7 633 7aQ i7D I35 333 i73 x88 4H2 227 725 17a 274
J26 t19 59Y 614 C22 Q48 mK1 qx4 r11 296 w8X 215 s9Z c17 Z9c L17 17I
E55 241 26h 616 8Vs 414 Y44 63T 732 i69 B15 45i i78 DZ1 938 397 j29
61s 76B 679 74m yS9 Rs3 782 389 Y2P M38 3i3 6O2 1e8 183 36O dmm 136
s6m 4S7 415 27m 48z Q79 559 N39 843 794 813 311 674 363 384 6ZD 76d
298 644 52D H81 A96 64l 7dg 7kX a85 1j5 962 725 z7b J4T 227 712 182
56B I72 2Ty 66p 989 e78 Us2 1g3 1S1 y89 64g 8A2 236 1R5 9O8 191 293
587 128 74s 977 962 s6h 616 O87 31n x12 6A6 778 34I 38K 311 773 767
896 488 137 54q y8M 1I2 79u 722 929 83Q 55Y 47y 452 72e 744 595 311
27T Q26 515 646 e69 t17 44D 7v9 7b4 2g3 4e3 mq2 E28 37i 265 326 197
125 j4H d52 218 S1N 448 191 89f xQ3 9T6 711 56q 3A5 857 33z W49 95i
189 524 467 998 43m 9Y8 246 M23 331 562 A23 129 353 867 O23 1T4 247
888 796 6t5 24Q 5DB 318 h64 246 5Tq T89 z66 82O 9qn 952 Y44 431 293
619 997 b9u 764 456 Eqg 15e I71 487 f93 2F2 15o 1Y8 417 68d K42 12g

731 34E 773 6g9 997 x57 a7V 6N9 2y4 55i G25 165 667 569 119 k86 263
A94 3Y5 584 277 421 931 641 883 51V a87 143 145 8e8 5R5 692 458 512
89v 372 844 3Y2 6M2 4AE 229 366 781 59A Zn2 B66 76a n56 162 9V1 918
99v 342 79t 132 9S3 13o n98 89N 128 581 t91 25m 142 57b 336 153 45V
184 332 662 1Q4 kLd 95L 265 126 254 28H Q39 617 173 KLa 23T 371 268
NG2 32w 9I9 74i 147 L18 w34 98E 1K9 42K 9jH 21m 561 d1h 183 qj1 136
aG1 889 s6E Tu7 824 25v 4AH Fx9 997 623 3t7 282 8M1 994 799 687 114
81E 4cD 1OB 764 Y53 174 h25 343 191 92L 3f7 N6z 1W2 w86 835 I6r 643
455 553 475 Ue4 362 6FF 3I8 716 136 13H 976 8y7 693 c79 732 tD5 178
214 FYE 86y m34 539 46P h19 353 C66 473 3X3 17k kN7 22c cA1 v87 Y51
986 S26 8z5 s5Y 472 296 h54 98v J57 3X4 96R w47 R25 471 8E6 9a7 569
866 71Y Qp7 W45 462 213 63p 437 4c5 285 rF7 46c 826 F35 914 356 Y1B
897 I16 i11 14Y G34 9P4 82Y L43 267 K53 832 2k1 995 434 H63 181 746
328 776 573 469 254 897 83c 9r9 76x 9cG 169 u73 831 F5U 9v4 396 6Z7
281 416 83Y g8D 317 412 2o3 232 Q41 5S8 2oW 133 k82 613 917 616 25q
269 w3l wl5 838 8f1 9Os 3vV 4I4 53X 7EY 83e w23 9r7 336 OU5 549 182
137 i21 612 v9B Y51 641 55Q H29 X12 5H5

有 奖 征 集 反 馈 意 见

尊敬的读者：

科学出版社科爱森蓝文化传播有限公司（简称“科爱传播”）立足国际合作，致力于为科技专业人士提供优质的信息服务。我们很想通过自己的努力最大限度地满足您的需求，您的哪怕是一点点的建议和意见，都将成为我们改进工作的重要依据。

我们将在每年的 6 月份、12 月份各一次从半年的参与者中抽取幸运者 10 名，幸运者可以从“科爱传播”的出版物中任选价值 1000 元的图书（10 册以内）作为奖品（全部出版物信息可在我们的网站上查到）。

1. 您所购买的图书书名：《______________________________》

您于________年____月____日在（通过）____________________购买到此书。

你认为本书的定价：□偏高 □合适 □偏低

你认为本书的内容有约____%对您有用。

2. 影响您购买本书的因素（可多选）：

□封面封底 □价格 □内容提要 □书评广告 □出版物名声 □作者

□译者 □内容 □其他____________________

3. 你认为我们出版物的质量：

内容质量（学术水平、写作水平）：□很好 □较好 □一般 □较差

译介质量（翻译水平、文字水平）：□很好 □较好 □一般 □较差

印制质量（印制、包装）：□很好 □较好 □一般 □较差

4. 您最喜欢书中的哪篇（或章、节）？请说明理由：

____

____

5. 您最不喜欢书中的哪篇（或章、节）？请说明理由：

____

____

6. 您希望本书在哪些方面改进？

____

____

7. 您感兴趣或希望增加的图书选题有：

____

____

8. 您是否愿意与我们合作，参与编写、编译、翻译图书或其他科技信息？

9. 您还有什么别的意见、建议？（可另附纸）

● 请告诉我们您准确的地址和联系办法：

姓名：__________ 性别：______ 生日：______年___月___日

单位：____________________职务/职称：__________

地址：______________________________

E-mail：__________________电话：__________

传真：______________ 手机：______________

回邮地址（也可以通过 E-mail 反馈）：
100717　北京东黄城根北街 16 号　科学出版社 科爱传播中心 杨 琴（收）
联系电话：010-64006871；传真：010-64034056
编辑部电话：010-64034507
投稿及读者反馈：editor@kbooks.cn, keai@mail.sciencep.com

（注：本反馈单复印有效，也可以在线下载：http://www.kbooks.cn/reader.asp）